Kiehtovat viestikyyhkyt

Anneli Heikkinen

Kiehtovat viestikyyhkyt

© Anneli Heikkinen 2019

Kustantaja: BoD – Books on Demand, Helsinki, Suomi

Valmistaja: BoD – Books on Demand, Norderstedt, Saksa

ISBN 978-952-330-167-2

LAPSUUTENI LUONTOKOKEMUKSIA

Sain viettää lapsuuteni maalla. Metsä oli ihan vieressä ja metsän laitaa kävellen pääsi Saimaan rantaan. Kiinnostukseni luontoon ja eläimiin olen perinyt isältäni, hän kalasti, metsästi ja oli myös intohimoinen sienestäjä ja puolukoiden kerääjä. Me lapset saimme olla metsässä ja järvellä mukana niin paljon kuin halusimme. Metsässä kulkiessamme isä osoitteli kasveja ja kertoi mikä sen nimi on. Hän pysähteli ja näytti, "tuossa on jänis ollut yöpuulla" tai, "tuossa on hirvi ollut syömässä, se on edelleen tässä lähistöllä, ollaan hiljaa". Jos puusta lähti isompi lintu, isä kertoi mikä se oli.

Opin pikkuhiljaa tunnistamaan linnut niiden tavasta lähteä lentoon. Mieleen on jäänyt muutama lapsuuden kokemus, mitkä ovat kiinnittäneet minut luontoon ja eläimiin.

Verkoille lähdettiin aikaisin aamulla, isä kysyi jo illalla, kuka lähtee aamulla soutamaan. Herääminen oli joskus vaikeaa. Uni kuitenkin katosi, kun kävelimme isän kanssa rantaan menevää tietä alas. Luonto oli vielä hiljaa, kuului vain yksittäinen vesilinnun kirkaisu silloin tällöin. Isä kertoi aina, mikä lintu milloinkin oli äänessä. Hän puhui lähes kuiskaten ja opetti että luontoa ei saa häiritä, täytyy olla hiljaa. Isä työnsi veneen vesille ja nosti minut rannalta veneeseen soutajan paikalle. Hän työnsi veneeseen lisää vauhtia ja hyppäsi itse veneen perätuhdolle. Vielä ei tarvinnut soutaa. Isä meloi hiljalleen kauemmas järvelle. Katselin isää, välillä hän meloi rennosti, hymy huulilla minua vilkaisten, välillä tarkkaavaisena tähyillen. Melan ääni vedessä, isän yskäisyt, vesilintujen kirkaisut, kalan hyppääminen veneen vieressä, siinä hetkessä oli hyvä ja turvallinen olla. Aamu-usva roikkui raskaana vedenpinnan yläpuolella, vene lipui läpi usvan, se oli taianomaista.

Syysiltoina isä katosi ulos ja sisään tullessaan sanoi, että nyt on aivan tyyntä, kuka haluaa lähteä tuulastamaan. Aina löytyi vapaaehtoisia. Isä sytytti kaasulampun, mitä käytettiin tuulastuksessa valona. Muistan lampusta vain sukan, mikä hehkuessaan antoi valoa, se oli hauras ja meni helposti rikki. Muistan myös pitkänokkaisen pienen kannun, missä oli spriitä, se tuoksui hyvälle, ja pumppauksen millä saatiin valo kirkastumaan. Lampun valo oli todella kirkas. Äiti piti huolen, että mukaan lähtijällä oli tarpeeksi vaatteita päällä ja mukaan muistettiin ottaa myös huopa. Isä otti piharakennuksesta mukaan vielä atraimen. Isällä oli kaasulamppu kädessä, kun kävelimme polkua alas rantaan. Syksyinen yö oli pimeä ja tyynen hiljainen. Se oli pelottavaa, kuljin aivan isän vierellä. Äkkiä meidät ympäröi lauma yöhyönteisiä ja -perhosia. Ne lensivät valoa kohti erivärisinä tuikkien. Se oli lumoava näky, isä kertoi kuiskaillen joidenkin suurempien perhosten nimiä. Kaasulamppu tuottaa runsaasti lämpöä, oli surullista katsoa, kun perhoset lensivät päin lamppua ja polttivat siipensä. Rannassa isä työnsi veneen vesille ja nosti minut kokkaan. Itse hän meni lampun kanssa veneen perälle. Lamppu laitettiin veneen perässä olevaan koukkuun, mistä se valaisi järven pohjaa. Isä meloi hiljalleen vähän kauemmas rannasta, usva ympäröi meidät kuin iso peitto. Veneen kokassa oli mukava pesä, missä istuin ja seurasin isää. Isä valpastui, jännityin kun näin, että hän nousi seisomaan ja otti atraimen, tiesin että nyt täytyy olla hiirenhiljaa. Isä veti atraimella venettä eteenpäin rannan suuntaisesti ja tähyili veden pohjaa. Välillä hän näytti sormella vähän kauempana olevaa kalaa, joka makasi liikkumatta pohjassa. Oli aivan hiljaista, vene lipui hiljaa eteenpäin ja äkkiä isä iski atraimella pohjassa makaavaa kalaa. Isä nosti veneeseen atraimessa kiinni olevan hauen. Isä vilkaisi minua hymyillen, vastasin hymyllä, veneessä ei tarvinnut sanoja. Kun ensimmäisen kalan saamisen jännitys oli ohi, haukottelin väsyneenä. Isä huomasi sen ja sanoi että voin käydä kokkaan pitkäksesi, hän katselee vielä vähän aikaa ja sitten mennään kotiin. Menin kokkaan ja vedin peiton päälleni. Torkuin ja kuuntelin unen takaa isän puuhailua veneessä. Oli lämmin ja hyvä olo, annoin unen viedä. Heräsin kun kokka tömähti rantaan. Isä veti veneen maihin ja tyhjenteli tavaroita veneestä, en jaksanut nousta unestani. Heräsin taas, kun isä nosti minut syliinsä ja lähti nousemaan rantapolkua kotia kohti. Lampun isä oli sammuttanut, oli kylmä ja sysipimeää, isän sylissä oli kuitenkin lämmintä ja turvallista matkustaa omaan sänkyyn.

Isä

Isällä oli omia puolukka- ja sienipaikkoja vähän kauempana kotoa. Usein hän ajoi autolla tutun metsätien päähän ja lähti sieltä syvemmälle metsään. Muistan erityisesti, että hänellä oli siellä paikka mistä löytyi korvasieniä. Kerran hän otti minut ja siskoni mukaan ja kertoi että hänellä on yllätys metsässä. Ajelimme autolla kapeaa metsätietä, hennon vihreän koivikon läpi. Isä tähyili hymyillen metsään, mutta ei kertonut meille mitään yllätyksestään. Tie päättyi keskelle metsää pienelle aukeamalle, siihen isä pysähtyi, aukaisi ikkunan ja nousi autosta. Meille hän sanoi, että istukaa autossa ja katsokaa mitä tapahtuu. Huolestuin, onkohan isä varmasti turvassa, sen täytyy olla jotain vaarallista koska meidän piti olla autossa. Istuimme hiljaa ja seurasimme kun isä käveli muutaman metrin autosta pois päin. Hän nosti sormet huulilleen ja päästi jonkinlaisen vihellystä muistuttavan äänen. Isä vilkaisi meitä ja näytti että nyt täytyy olla hiljaa. Katselimme kuin lumottuna kun metsästä lennähti isän eteen suuri musta lintu. Se oli ilmeisesti ollut läheisessä puussa koska se näytti laskeutuvan hallitun tyylikkäästi maahan isän eteen. Se oli suuri ukkometso, tunnistimme sen heti. Isä jutteli sille, se kurotteli kaulaansa isää kohti ja pyöri ympyrää isän edessä pyrstösulat kaarella. Sen punaiset silmänympärykset näkyivät selvästi ja vihreät rintahöyhenet välkkyivät sen pyöriessä ympyrää, pyrstö oli upea sulkakaari. Isä kyykistyi metson eteen ja kaivoi taskustaan jotain syötävää minkä metso nappasi isän polvelta. Se oli uskomaton näky. Isä viittoili, että voimme tulla ulos autosta. Nousimme varovasti auton viereen, oven jätimme varmuudeksi auki. Metso huomasi meidät ja välittömästi se otti muutaman askeleen meitä kohti hakaten siivillään maata. Se oli raivostunut ja selvästi yritti ajaa meidät pois ja onnistui siinä, pakenimme auton taakse. Kurkimme sieltä, miten metso pyöri isän ympärillä pörhistellen ja kaulaansa oikoen, isää nauratti, metsokin rentoutui ja rauhoittui. Isä huuteli, että voimme tulla lähemmäksi katsomaan. Se oli lapsen silmin ihmeellistä, isä ja komea metso seurustelivat keskenään leppoisasti kuin vanhat tutut. Isä ojensi käsivartensa ja metso hyppäsi siihen niin että käsi notkahti metson painosta. Isän käsivarrella metso näytti entistäkin suuremmalta ja upeammalta. Meitä lapsia metso ei päästänyt lähelle mutta sieti meitä kuitenkin. Isä kehotti meitä menemään autoon ja lähti itsekin kävelemään autolle päin.

Metso seurasi isää ihan auton vierelle, nousi sitten äkisti siivilleen ja lensi lähimmän puun oksalle. Siihen se jäi, kun lähdimme metsästä.

Myöhemmin isä kertoi, että metsässä käydessään hän jätti auton pienelle aukiolle. Marjastamisen välillä hän kävi syömässä eväitään autossa. Kerran metso ilmestyi paikalle raivokkaana ja yritti ajaa hänet pois. Isä kertoi istuneensa vain paikallaan eväitään syöden ja antoi metson tepastella ympärillään ärhennellen. Lopulta metso katsoi hänet vaarattomaksi ja he jakoivat eväät keskenään kaikessa ystävyydessä. Myöhemmin metso oppi tunnistamaan isän auton äänen, ja lensi konepellille heti kun auto pysähtyi. Isä sai sen otettua siitä syliinsä halutessaan, se tuntui luottavan isään. Metso tuli samalle paikalle kolmena peräkkäisenä keväänä. Isä kertoi, että se oli vanha, yksinäinen ukkometso. Se piti isää puoliso ehdokkaana ja yritti kosiskella häntä.

Minuun teki suuren vaikutuksen se luottamussuhde, mikä voi syntyä ihmisen ja linnun välillä. Se oli myös alku kiinnostukselleni lintuja kohtaan.

AKULIINA, ENSIMMÄINEN KYYHKYNI

Kun vastasin kotonani puhelimeen tavallisena keväisenä perjantai iltana, en arvannut minkälaisen uuden elämänvaiheen puhelu toisi tullessaan. Siskoni soitti, he olivat lähdössä viikonlopuksi mökkeilemään, mutta heillä on pieni ongelma. Kaupungin lähiössä, rivitalon takapihalla, raparperin alla oli jo kaksi päivää asunut valkoinen lintu. Lintu oli kesy, halusi tulla sisälle, jos ovi jäi auki. Siskoni perhe ei halunnut jättää lintua viikonlopuksi pihalle yksinään. En edes miettinyt vaan sanoin välittömästi, että tulen hakemaan linnun.

Muistan hyvin ensitapaamisemme. Lintu oli noin rastaan kokoinen ja puhtaanvalkoinen. Nokka oli vaaleanpunainen ja vahva niin pienelle linnulle. Se ei edes yrittänyt väistää ihmistä eikä lähestyvää kättä, luottavaisena ja uteliaana se katseli minua. Se oli selvästi ollut ihmisten kanssa. Toinen siipi roikkui, sulat olivat hajallaan ja viistivät maata sen kävellessä pihanurmella. Se oli kaunis ja luottavainen, ihastuin siihen heti. Olin ottanut mukaani pahvilaatikon, siitä tuli linnun ensimmäinen uusi koti. Olin täynnä innostusta uudesta hoidokistani, sehän ei todellakaan ollut ensimmäinen "löytölapseni". Kotimatkan aikana laatikosta ei kuulunut mitään ääniä, siellä oli hiirenhiljaista.

Nostin laatikon pihasaunan pukuhuoneeseen. Kun aukaisin kannen, lintu vilkastui ja alkoi kurkkia laatikon reunan yli. Ihastelin sen kauniita puhtaan valkoisia sulkia ja vahvoja, pitkiä siipisulkia. Se hyppeli laatikossa uteliaana, tutki nurkat kuin ruokaa hakien. Laitoin laatikkoon vesiastian ja kauraryynejä lautaselle, ei vain tullut muuta ruokaa mieleen siinä vaiheessa. Tiesin siiven tarvitsevan hoitoa, mutta päätin, että lintu on jo kokenut sen päivän osalta isoja asioita, hoitaisin siiven aamulla. Yöksi laitoin laatikon kannen kiinni, siellä tuli heti ihan hiljaista.

Minulla ei ollut minkäänlaista ajatusta, mikä lintu se voisi olla ja miten se on joutunut kaupungin lähiön rivitalon pihalle. Linnun täytyi olla jonkun lemmikki, koska se oli niin kesy ja tottunut ihmisten läheisyyteen. Aloitin googlettamalla lemmikkilinnut, kuvahakuna. Kuvia oli todella paljon mutta yhtään tutun näköistä en kuvista löytänyt. Seuraavaksi laitoin hakusanaksi valkoinen lintu. Upeita valkoisia lintuja avautui näytölle, sitä kautta pääsin kyyhkyjen jäljille. Hakusanana kyyhkyt, pääsin Wikipedian sivulle. Kyyhkyjä on maapallolla kaikkiaan noin 300 lajia. Kyyhkyset ovat kyyhky lintujen lahkon ainoa heimo, se jaetaan viiteen ala heimoon. Häkkilintuina pidettävät lajit kuuluvat kaikki varsinaisiin kyyhkyihin. Hakuna häkkilintuina pidettävät kyyhkyset, löytyi kolme vaihtoehtoa. Tunturikyyhky, timanttikyyhky ja naurukyyhky. Minkään lajin tuntomerkit eivät täysin sopineet lintuuni. Lähinnä tuntomerkkeihin sopiva oli naurukyyhky. Sen niskasta puuttui kuitenkin lajille ominainen tumma rengas. Paljon myöhemmin minulle selvisi, että rengas on vain vanhemmilla yksilöillä. Kuvahaulla naurukyyhky löytyi täsmälleen samanlaisia kuvia kuin lintuni. Näin linnusta tuli naurukyyhky.

Seuraavaksi pidettiin perhekokous nimestä. Siinä vaiheessa ei sukupuolesta ollut tietoa. Pohdimme nimiä, mitkä sopivat molemmille sukupuolille. Lopulta päädyimme nimeen Akuliina, tuttu "suomennos" isoäitini nimestä Agveliina. Ennen nukkumaan menoa kävin vielä saunalla katsomassa pientä valkoista lintuani. Laatikosta kuului kohahdus, kun aukaisin oven, sen jälkeen siellä oli ihan hiljaista. En aukaissut laatikon kantta, annoin Akuliinan nukkua rauhassa, hyvää yötä.

Heräsin keväiseen lauantaiaamuun, ikkunasta näkyi omenapuun latvojen alkava vihreys. Akuliina, äkkiä olin täysin hereillä ja ryntäsin pihan yli saunakamariin. Laatikosta ei kuulunut mitään, ehdin jo pelästyä, että linnulla ei ole kaikki hyvin. Aukaisin laatikon kannen ja Akuliina hypähti laatikon reunalle seisomaan. Se oli syönyt kauraryynit ja ainakin kaatanut juomakuppinsa. Se vaikutti virkeältä ja pelottomalta, pää pyöri äkkinäisin liikkein, kun se katseli ikkunaan kaihoisasti. Otin sen käsieni väliin, se jotenkin painautui siihen kuin turvaa hakien. Juttelin sille rauhoittavasti ja kerroin että valitettavasti en tiedä entistä nimeäsi mutta uusi nimesi on Akuliina. Se katseli minua arvioiden, pään liikkeet olivat nopeita nykäyksiä, mitkä myöhemmin opin hyvin tuntemaan. Laitoin Akuliinan ikkunan eteen pöydälle ja lähdin hakemaan siiven hoitotarvikkeita. Sain myös mieheni mukaan hoitoon, koska tarvitsin lisäkäsiä. Mies piti Akuliinaa käsiensä välissä. Nostin roikkuvaa siipeä, sen alla, lähellä linnun vartaloa oli pitkä melko tuore haava. Voi harmi, se olisi pitänyt hoitaa jo illalla. Puhdistin haavan desinfioivalla aineella. Se varmasti teki kipeää, koska Akuliina pyristeli vastaan. Enempää emme voineet tehdä, voimme vain toivoa, että haava paranee. Laitoimme Akuliinan takaisin laatikkoon, kauraryynejä lautaselle ja vesikupiksi vaihdoin raskaamman astian, että se ei kaatuisi niin helposti. Jätin laatikon kannen auki.

Seuraavaksi kauppaan ostamaan Akuliinalle oikeaa linnunruokaa. Löytyi pussillinen kanarialinnuille tarkoitettuja jyviä, kai ne sopivat muillekin linnuille.

Innoissani menin katsomaan mitä Akuliinalle kuului, aikaa oli kulunut noin kaksi tuntia. Hups...Akuliina seisoi laatikon reunalla ja pyöritteli kaunista päätään nopein liikkein. Se katseli uteliaana, kun vaihdoin kauraryynit jyviin, ihan kuin se olisi reagoinut jyvien rapinaan kupissa. Siipi roikkui pahan näköisesti, kokosin sen Akuliinan vartaloa vasten suppuun ja ihmeekseni se jäi siihen. Juttelin koko ajan puuhastellessani ja selvästi Akuliina kuunteli. Jätin sen seisomaan laatikon reunalle lähtiessäni. Kävin usein päivän aikana saunatuvassa. Lähes koko päivän Akuliina istui laatikon reunalla ja torkkui. Illalla puhdistin haavan uudestaan, se ei ollut ilmeisesti enää niin arka kosketukselle, koska hoitotoimenpide sujui ongelmitta. Akuliina piti jyvistä, tosin se valitsi tarkkaan mitä niistä söi ja mitkä heitteli pitkin saunakamaria. Kun lähdin nukkumaan, Akuliina jäi seisomaan laatikon reunalle.

Seuraavana aamuna kun menin saunatupaan, Akuliina tervehti minua kiertämällä hypellen laatikon reunoja, ihan kuin se olisi odottanut tuloani. Kun otin sen syliini, se painautui hetkeksi rintaani vasten, sitä oli varmasti pidetty paljon lähellä ihmistä. Sain helposti nostettua Akuliinan siipeä ja kurkattua haavaa. Haava oli jo kuivempi eikä aristanut, se ei tarvinnut enää hoitoa. Kokosin siiven vartaloa vasten ja laskin Akuliinan lattialle. Se hyppeli lattialla ja teki pienen pyrähdyksen laatikon reunalle, siipi pysyi vartaloa vasten niin kuin kuuluikin. Päivän aikana kävin usein juttelemassa sille ja nostin välillä ikkunapöydälle katsomaan ulos. Ruokahalua vankeus eikä haavoittuminen olleet vieneet, jyväkupit tyhjenivät säännöllisesti. Se hyppeli tarmokkaasti pöydällä ja pyöritti ja kallisteli päätään katsellessaan ulos.

Yöksi jätin taas laatikon kannen auki, olihan Akuliina tutustunut jo koko saunatupaan ja se oli turvallinen paikka. Aamulla kun menin saunatupaan Akuliina seisoi laatikon reunalla ja suoritti aamuvoimistelua. Se ravisteli itseään kuin juuri heränneenä, se levitti siipiään ja ihmeellistä, mutta molemmat siivet aukenivat, se puhdisti tarmokkaasti molempien siipien alukset. Haavasta irtosi kuivia verikokkareita, mitkä se heitteli ympäriinsä. Istuin penkille ja katselin lumoutuneena sen aamupuuhia, se ei näyttänyt häiriintyneen läsnäolostani mitenkään. Kun aamupesut oli suoritettu, tarjosin sille kämmeneltäni jyviä. Se tuntui olevan Akuliinalle tuttu juttu, taitavasti se sai otettua jyvän nokkaansa koskettamatta kämmentäni nokallaan. Päivän aikana puuhailin pihalla, saunan ohi kävellessäni huomasin, että Akuliina seisoi ikkunalaudalla ja seurasi liikkeitäni. Se oli lentänyt ikkunalle, muuta mahdollisuutta ei ollut. Hienoa, siipi toimii siihen mihin se on tarkoitettukin.

Kesä oli vasta alullaan ja selvästi Akuliina kaipasi ulos. Se istui joka aamu ikkunalaudalla odottelemassa tuloani. Ei auttanut muu kuin ryhtyä suunnittelemaan Akuliinalle pysyvämpää kotia ulos. Rakensimme talon nurkkaukseen, keittiön ikkunan alle kanaverkosta häkin. Häkki oli niin iso, että Akuliina pystyi siinä lentämään ja pääsi maahan ruohoa nyppimään. Palotikkaat jäivät häkin sisään, siinä oli monta askelmaa millä istuskella. Olin jo opiskellut naurukyyhkyn hoidosta ja ruokailuasiat menivät uusiksi. Vesiastian tuli olla niin syvä, että nokka mahtui kokonaan veden alle, niin kyyhkynen imee kupuunsa vettä. Ruuaksi Akuliina sai lemmikkilintujen seosta ja hedelmiä. Se nautti ulkona olemisesta ja seurasi tarkasti ympäristön ääniä ja pihalla liikkuvia ihmisiä. Kerran Akuliina yllätti minut. Tulin töistä, ajoin auton pihalle, lähelle Akuliinan häkkiä. Nousin autosta ja huusin, "hei Akuliina". Se vastasi kirkkaalla äänellä, se oli myöhemmin tutuksi tuleva kolmijakoinen kuk ruu ruu. Luulin että kuulin väärin, menin häkin viereen ja yritin houkutella sen puhumaan lisää. Se pyöritteli kaunista päätään ikään kuin hymyillen eikä puhunut. Mutta siitä se alkoi, aina kun olimme pihalla, juttelin Akuliinan kanssa. Lauluun se reagoi helpommin. Jos rallattelin jotain lastenlaulua Akuliina vastasi samaan sävyyn. Jos lauloin surullista laulua Akuliina teki samoin. Se kesä oli upeaa aikaa Akuliinan kanssa. Opin myös, että se nautti kylvyistä. Katolta tuleva vesiränni laski Akuliinan häkkiin, sadepäivät olivat juhlaa sille. Rännistä ryöppysi vettä ja se kylpi riemuissaan.

Tuli syksy. Tiesin, että se ei voi olla ulkona talvea niin kuin kaupunkikyyhkyt ovat. Pohdin vaihtoehtoja. Mieheni oli sitä mieltä, että he eivät sovi Akuliinan kanssa samaan kotiin. Oli pakko päättää, aikuinen mies selviää pakkasessa halutessaan, mutta pieni kyyhky ei. Niinpä poistimme eteisen yläkaapista oven ja sen tilalle tehtiin verkko-ovi. Akuliina muutti sinne, sieltä se näki lähes koko taloon. Se seurasi tarkasti elämäämme ja kommentoi vilkkaasti keskusteluihin. Se oli aamuvirkku ja liiankin seurallinen. Aamuisin se selkeästi odotti heräämistämme, opimme kuiskaamaan toisillemme hyvät huomenet, että Akuliina ei kuulisi. Jos se kuuli, että olemme hereillä, alkoi kova kukerrus ja huomion kaipuu. Kun olimme kotona, Akuliina sai lennellä vapaana huoneistossa, siinä oli kuitenkin omat ongelmansa. Linnut eivät opi sisäsiistiksi, vaikka yritti olla kuinka tarkkana ulostetahrojen puhdistuksessa, silti niitä löytyi väärään aikaan vääristä paikoista.

Kerran vein Akuliinan töihin mukanani. Se istui etusormellani, eikä missään vaiheessa yrittänytkään lähteä siitä mihinkään. Kävelimme pitkin käytäviä ja Akuliina kukersi kuuluvasti. Vähän kaikuva käytävä oli sille uusi kokemus ja se kokeili ääntään kuin pienet lapset. Se kerjäsi huomiota ja myös sai sitä runsain mitoin.

Niihin aikoihin opiskelin ja istuin paljon tietokoneen äärellä. Akuliina olisi halunnut seuraa ja alkoi häiritä työtäni. Se hyppeli näppäimistöllä ja nokki sormuksiani. Se istui myös olkapäälläni ja yritti irrottaa korvakorujani. Välillä se istui avonaisella ikkunalla ja katseli ulos. Kerran se kauhukseni lennähti läheisen koivun latvaan. Siellä se istui ja ihmetteli suurta maailmaa, kun huutelin puun alla, se vilkaisi alas mutta ei lähtenyt liikkeelle. Tiesin, että se täytyy saada alas, ennen kuin se päättää vaihtaa paikkaa pois piha-alueelta. Mieheni haki jostain pitkän, ohuen puulistan, veimme varovasti sen pään Akuliinan jalkojen alle, se siirtyi listan päälle ja laskimme sen alas. Otin sen syliini, eikä se aikonutkaan väistää minua. Tämän riukutempun jouduimme tekemään useita kertoja, kun se oppi livahtamaan ovesta ulos. Kerran se lähti koivusta lentoon. Haemme sitä ympäristön puista koko illan, suru oli suuri, oli vaikea uskoa, että se oli kokonaan kadonnut. Kun kolmen päivän kuluttua tulin töistä, minua odotti ihana yllätys. Akuliina istui verkkohäkkinsä vieressä olevan pensaan oksalla. Se oli väsynyt ja likainen, höyhenpeitteessä oli keltaista väriä, päättelin että se on hakenut ruokaa auringonkukista. Se ei tehnyt elettäkään lähteäkseen pakoon, kun otin syliini ja vein sisälle. Se istui koko illan häkissään toipumassa. Jälkeenpäin kyyhkyoppaani Kalle kertoi, että naurukyyhkyllä ei ole suunnistusvaistoa niin kuin viestikyyhkyillä, oli siis ihme, että se osasi tulla kotiin.

Akuliinan kanssa sattui hauskoja juttuja. Kävelin pihapolkua postilaatikolle, Akuliina istui etusormellani. Meitä vastaan tuli huonekalukauppias. " Hyvää päivää, oletteko taikuri"? "Päivää päivää, kyllä olen, taion omat huonekaluni." "Kiitos ja näkemiin", vastasi kauppias ja kääntyi lähteäkseen. Kerran hän pysähtyi ja katsoi meitä hetken ja jatkoi matkaansa autolleen. Sillä kauppiaalla oli ihailtava tilannetaju.

Akuliina oli seuran ja hellyydenkipeä otus. Kun olin ollut päivän poissa ja tulin töistä kotiin, Akuliina halusi huomiota. Sen lempipuuhaa oli vasemmassa kämmenessäni kyyhöttäminen. Pidin Akuliinaa kädessäni, käsi rinnan alla. Nokka näkyi peukalon ja etusormen välistä. Toisella kädellä laittelin ruokaa ja tein kotiaskareita. Kun se halusi pois noin puolen tunnin kuluttua, se alkoi tökkiä nokallaan peukaloani. Se kertoi, että oli saanut tarpeeksi tankattua läheisyyttä sen päivän osalta. Akuliinaa ei voinut jättää hetkeksikään valvomatta, kerran se söi vastaleivotusta mustikkapiirakasta mustikat, kun puhuin puhelimessa.

Akuliina oli helppo lemmikki. Kun lähdimme Keski-Suomeen lomamatkalle, Akuliina lähti mukaan. Se matkusti auton takapenkillä avonaisessa laatikossa. Kun se pitkästyi, se lensi takaikkunalle maisemia katsomaan. Pelkäsimme että takana tulevat ajavat peräämme, koska ne ajoivat liian lähelle ihmettelemään Akuliinaa. Tosin se oli sellaisen päätä nyökyttelevän autolelun näköinen, mikä oli lähes joka autossa joskus -70 luvulla.

Perillä Akuliinalle tehtiin oma paikka kulmakaapin keskiosaan, sieltä se seurusteli aktiivisesti isäni kanssa.

Tuli uusi kevät. Akuliina oli ollut meillä vuoden. Teimme sille ulkorakennuksen päätyyn ison lentohäkin. Puhkaisimme seinään reiän ja sisäpuolelle turvaan laitoimme kaksiosaisen kodin, makuuhuone ja keittiö. Sen Akuliina otti heti omakseen. Häkissä oli normaalin oven kokoinen verkko-ovi helpottamaan häkin puhdistusta. Olimme pois kotoa neljä tuntia. Kun palasimme, häkin ovi oli auki ja Akuliina poissa. Haimme sitä monta päivää ympäristöstä ja kyselimme naapureita. Mitään vihjeitä emme koskaan saaneet sen katoamisesta. Kaksi viikkoa jaksoin toivoa sen palaamista, sitten oli vaan purettava häkki. Kaipasimme Akuliinaa, se oli ihmeellinen, olisin halunnut tietää mitä sille tapahtui.

Muistelimme usein Akuliinaa, lohdutin itseäni päättämällä, että kun olosuhteet ovat sopivat, hankin viestikyyhkyjä.

MUUTTO UUTEEN KOTIIN

Haimme uutta kotia mieheni muuttuvan työpaikan vuoksi. Olemme molemmat puutarhaihmisiä ja viihdymme kotona. Minua kiinnostaa luonnon vaikutus ihmisen hyvinvointiin, elämänlaatuun ja erityisesti mielialaan. Näiden asioiden takia tärkeimpinä asioina uudessa kodissamme pidimme luonnonläheisyyttä ja ikkunoista avautuvia näkymiä. Yhtenä toivomuksena oli, että kodissamme olisi "pihapiiri" ulkorakennuksineen. Luotimme tunteeseen, että tämä on uusi kotimme, kun sellainen tulee kohdalle. Oli helmikuun alku, lunta ei ollut paljon, maassa oli sulia laikkuja, luonto ei ollut kauneimmillaan. Menin miestäni vastaan töistä ja päätimme ajaa kotimatkalla myytävän talon ohi. Talon osoite oli meille täysin vieras, eikä meillä ollut suuria odotuksia sen suhteen. Muistan sen sykähdyttävän tunteen, kun tulimme talon kohdalle. Suuri, punaiseksi maalattu hirsitalo seisoi pienellä mäellä suurien puiden ympäröimänä. Talosta huokui kartanomaista arvokkuutta ja rauhaa. Piha-alue oli suuri, siihen mahtui kaksi ajoympyrää ja toivomamme pihapiiri. Tonttia reunusti kahdelta rajalta suuret peltoaukeat. Sanoja ei tarvittu, katsoimme toisiamme ja tiesimme että pienellä mäellä seisoi uusi kotimme. Olimme kiihkeää innostusta täynnä, jo samana iltana soitimme kiinteistönvälittäjälle ja sovimme näytön, jonka saimme kahden päivän kuluttua. Ne olivat pitkiä päiviä.

Talossa oli jo muutaman vuoden asunut iäkäs herrasmies yksin. Hänen kohtelias herrasmiesmäisyytensä sopi talon henkeen täydellisesti. Hän oli kattanut kahvit talon ruokasaliin, minkä suurista ristikkoikkunoista näkyi mäntymetsään. Pöydällä oli valkoinen pellavaliina ja pienet, siniset, ohuesta posliinista valmistetut kahvikupit. Se kauneus ja talosta henkivä rauhallinen tunnelma lumosi meidät. Saimme kuulla talon historiasta, ympäröivästä luonnosta ja kasviharvinaisuuksista mitä tontilla kasvoi. Se kaikki oli enemmän kuin uskalsimme toivoa, rakastuimme taloon oikopäätä. Pihapiirissä oli iso lato, kaksikerroksinen aitta, suuri puuvaja/varastorakennus, iso maakellari ja savusauna. Sauna oli myös iso, siinä oli saunahuone, minkä lauteet olivat savusaunan tapaan korkealla sekä iso pesuhuone ja vesipata sekä pukuhuone. Talon omistaja kertoi, että saunaa ei ole lämmitetty 50:een vuoteen. Tarina kertoo, että kun sauna on viimeksi ollut käytössä, siellä on asunut orvoksi jääneitä lapsia. Talon takana, nurmikkokaistaleen jatkeena on mäntymetsää. Keittiön ja ruokasalin ikkunoista avautuu laajasti näkymät metsään ja osaan puutarhaa. Talon toisessa päädyssä on talousovi, portailta lähti polut kellariin, savusaunaan, aittaan sekä puuvajaan/ heinälatoon. Kahdelta rajalta tonttiamme reunusti pellot, joita tuntui riittävän silmänkantamattomiin. Se kaikki oli kuin unelmien satukirjasta. Teimme kauppakirjat kolmen viikon kuluttua ja muutimme siitä kahden kuukauden kuluttua.

Savusauna ja taustalla kyyhkysten ulkohäkki

Ensimmäisen yömme olimme uudessa kodissamme vapunaattona. Nukuimme kirjastohuoneen lattialla patjoilla, puolivuotias chichu koiramme Lilli asettui tyynyjen väliin nukkumaan. Meitä ympäröi meille vielä vieras, suuri, hiljainen, tyhjä talo. Se tuntui jännittävältä, mutta ei kyennyt pitämään meitä hereillä, nukahdimme heti. Heräsin häiritsevään ääneen. Se oli kuin puheensorinaa vai oliko se sittenkin Lillin murinaa. Nousin istumaan, Lilli seisoi ovella, murisi hiljaa ja ikään kuin odotti ovesta tulijaa. Otin Lillin kainalooni ja yritin nukkua uudestaan. Herkistyin kuitenkin kuuntelemaan talon ääniä, miehenikään ei nukkunut. Kuuluiko vintiltä ääniä? Liikkuiko siellä joku? Talousovesta kuului joku tulevan sisälle. Lilli reagoi ääniin murisemalla. Mieheni lähti katsomaan, ketään ei ollut missään. Juttelimme hetken ja totesimme että hirsitalossa on aina ääniä, oppisimme tunnistamaan ne muutaman yön jälkeen.

Myöhemmin minäkin aloitin työt kotini lähistöllä. Työssäni opin tuntemaan paljon paikkakunnalla asuvia ihmisiä. Eräs vanha rouva toivotti minut tervetulleeksi paikkakunnalle ja kysyi suorasukaisesti:

"joko rouva on huomannut, että teidän talossanne kummittelee?" Sen jälkeen kuulin paljon taloon ja sen pihapiiriin liittyviä kummitustarinoita. Erityisesti savusauna ja iso maakellari tuntuivat olevan paikkoja, missä kummitukset viihtyivät. Talossa oli myös yksi huone, missä vieraat eivät suostuneet nukkumaan, vieraat kertoivat, että heitä yritetään häätää sieltä pois. Pakko oli meidänkin tunnustaa, että talossa tapahtui asioita, joiden alkuperä jäi selvittämättä ja mihin eläimetkin reagoivat. Meille ei kuitenkaan koskaan tullut sellaista oloa, että meitä yritettäisiin häätää tai pelotella. Olimme ylpeitä kummituksistamme ja asuimme sulassa sovussa niiden kanssa.

Sinä vuonna äitienpäivä oli kesäisen lämmin. Saunan varjoisemmalla seinustalla kukki vielä leskenlehtiä ja metsänreunaa peitti valkovuokot suurena valkoisena mattona. Suuret koivut pihan ajoympyrän keskellä kohosivat vihreinä kohti sinistä taivasta.

Kaksi poikaamme kumppaneineen olivat tulossa viettämään äitienpäivää ja tutustumaan tarkemmin talon ympäristöön. Vaeltelimme tontilla ihmettelemässä kaikkea uutta. Oli loppumaton ilo ja riemu löytää uusi, outo pensas tai kukkanen ja hakea sille nimi. Pihapiirissä tuntui olevan paljon lintuja, yritimme joukolla tunnistaa eri lintujen ääniä. Tutkimusretkemme päättyi savusaunan taakse pellon reunaan. Siellä oli isoja kiviä ympyrässä, ja niiden keskellä laakea kivi pöytänä. Uskoimme, että se oli luonnon muotoilema järjestys kiville. Istuimme kivillä ja katselimme kun sitruunaperhoset tanssivat vihreänä orastavan pellon yläpuolella. Oli edelleen vaikea uskoa, että tämä oli uusi kotimme. Ympärilläni oli kaikki minulle rakkaimmat ihmiset ja tärkeät asiat, olin onnellinen.

Siitä pellonreunasta tuli lempipaikkamme istahtaa katselemaan kaukaisuuteen päivän puuhailun jälkeen. Lähes joka ilta pellon toisella puolella hirvi ylitti pellon hitaasti askeltaen. Ensimmäisen kerran näimme sen sinä äitienpäiväiltana, kun söimme iltapalaa kivillä istuen ennen kuin pojat kumppaneineen lähtivät koteihinsa.

Ulkorakennuksista löytyi paljon vanhaa tavaraa, niistä tuli meille harrastus. Kun teimme pihalla jotain, emme koskaan ostaneet tarvikkeita, vaan suunnittelimme lopputuloksen olemassa olevien tarvikkeiden mukaan. Se oli innostavaa ja lopputulos oli persoonallinen.

KANOIHIN TUTUSTUMISTA

Uuden kodin ensimmäiset lintuni eivät olleet vielä viestikyyhkyjä vaan kananpoikasia. Rakensimme autotallin perälle poikasille kodin. Sen seinät rakennettiin pieniruutuisista vanhoista ikkunoista ja päätyseinä muotoiltiin styroksista. Häkki oli noin puolen metrin korkeudella maasta ja ovelta laskeutui rappuset maahan. Siitä tuli persoonallinen ja hieno koti poikasille. Vaikka muutto oli vielä keskeneräinen, minulla oli kova kiire saada ensimmäiset lintuni. Onneksi pienellä paikkakunnalla asiat sujuivat joustavasti naapureiden avustuksella. Saimme hakea naapurista viisi keltaista pientä palleroista kananpoikaa. Sisustimme poikasten kodin, ruokimme ne mukaan saamillamme jyvillä ja jäimme Lillin kanssa katselemaan niiden puuhastelua. Niiden väri oli jo haalistumassa ja ne tepastelivat uudessa häkissään pitkillä jaloillaan ja piipittivät lähes tauotta. Otin jokaisen vuorotellen käteeni totuttaakseni niitä käsittelyyn. Niiden untuvainen höyhenpeite oli vielä pehmeä ja vähän pörröinen, jalat olivat yllättävän jäntevät ja pitkät, kynnet pistelivät ihoani. Lilli nuuhkaisi jokaista erikseen, kun ne olivat kädessäni. Tuli mieleen, että Lilli nuuhkaisi tunnistaakseen poikasen jatkossa. Sanoimme poikasille hyvää yötä ja lähdimme nukkumaan. Keväinen ilta oli lempeän lämmin ja maan tuoksuinen.

Talon ja autotallin välissä oli noin 20 m ja makuuhuoneemme oli talon takapuolella autotalliin nähden. Yöllä heräsimme, kun Lilli haukkui vimmaisesti ja hyppeli ikkunaa kohti. Se oli outoa käytöstä Lilliltä, mutta väsyneenä komensin Lillin hiljaiseksi ja jatkoin uniani. Aamu oli kirpeä ja kirkas, kauempana pelto metsän laidassa, näytti sumuiselta. Lilli juoksenteli edelläni, kun menimme pihapolkua autotallille päin ruokkimaan kananpoikasia. Autotallin ovet olivat auki, ehdin ihmetellä miksi piipitystä ei kuulu. Lilli oli ensimmäisenä autotallissa ja aloitti samanlaisen hurjan haukkumisen kuin yöllä. Silmiini osui ensimmäiseksi isot syvät kynnenjäljet häkin ovessa. Kurkistin ristikkkoikkunasta häkkiin, se oli tyhjä. Styroksiseinä oli raadeltu hajalle, siitä oli kananpojat viety pois. Niillä pienillä oli surullisen lyhyt elämä, ne olivat vain pieniä herkkupaloja pedolle. Olisinpa uskonut Lilliä, se kuuli tai haistoi kanavarkaan yöllä. Kananpoikien piipitys ilmeisesti toi pedon paikalle. Soitin paikalliselle metsästäjälle, hän tuli katsomaan ja totesi jäljet ilveksen jäljiksi. Ilves oli ollut todella rohkea mennessään sisälle autotalliin ruokaa hakemaan. Vaikka harmitus oli suuri, oli kuitenkin ihmeellistä, että saimme asua niin upean eläimen kanssa samassa metsässä.

Ilves ei kuitenkaan onnistunut tappamaan lintuinnostustani. Seuraavaksi rakensimme tukevarakenteisen kanalan ja ulkoiluhäkin toiseen piharakennukseen. Ulkoiluhäkki oli korkea, mutta siinä ei ollut kattoa. Nyt haimme naapurista kesäksi lainaan neljä aikuista kanaa ja kukon. Kukko oli vain kukko, mutta kanat saivat nimet lapsuuteni vahvojen naisten mukaan. Niistä tuli Helli, Hilma, Saimi ja Alma. Kukko oli komea, isokokoinen ja aggressiivinen. Sillä oli mahtava ääni, kun se herätti talon aamuisin. En noussut heti ylös vaan makasin aina jonkin aikaa sängyssäni kuuntelemassa kukon upeaa ääntä. Se oli riemastuttavaa. Kävin yöpaidassani haistamassa keväistä aamuilmaa ja avaamassa kanojen kulkuluukun. Kukko ryntäsi yleensä ensimmäisenä ulos ja päästi ilmoille hyvän huomenensa. Lilli kuunteli rappusilta, se pelkäsi kukkoa, kukko ajoi Lilliä takaa aina kun mahdollista. Kukko oli liian aktiivinen sulhasmies ja pomo kanoille ja sitä se halusi olla myös ihmisille. Kanat alkoivat selvästi kärsiä kukon aktiivisuudesta. Samoin kävi ihmisille. Sinä kesänä ei kukaan makoillut laiskana nurmikolla aurinkoa ottamassa. Kukko hiipi paikalle ja herätti repimällä hiuksista ja nokkimalla kasvoja. Kukosta jouduimme luopumaan, saimme palauttaa sen sinne mistä saimmekin. Kun kukko oli poissa komentelemasta, Lilli vietti paljon aikaa kanojen kanssa. Näytti siltä kuin Lilli olisi luullut olevansa kana. Se matki kanojen liikkeitä ja kaiveli niiden mukana maata marjapuskien alla. Kanat hyväksyivät pienen Lillin joukkoonsa mukisematta. Olen ennen omia kanojani ajatellut, että kana ei ole erityisen älykäs otus. Olin väärässä, ne ovat todella fiksuja ja nokkelia ja toimivat kellon mukaan joissakin asioissa. Ne pääsivät vapaasti kulkemaan kanalaan ja ulos omasta luukustaan. Ne liikkuivat pihalla ajoittain isollakin reviirillä mutta eivät koskaan kadonneet näköpiiristä. Iltaisin kun lähdimme Lillin kanssa kävelylle, meitä seurasi neljä tomeraa kanaa. Illalla kun aurinko laski, kanat menivät omatoimisesti sisään ja suljimme vain luukun ennen yötä.

Eräänä iltana havahduin siihen, että vaikka alkoi jo hämärtää, kanat olivat talon portailla kaakattaen ja oveen nokkien. Ne selkeästi innostuivat, kun menin ulos katsomaan mistä on kysymys. Lähdimme jonossa polkua pitkin kanalaa kohti. Sieltä se syy outoon käytökseen löytyi, kanojen kulkuaukon ovi oli painunut kiinni, eivätkä ne päässeet kotiinsa turvaan. Kun aukaisin luukun, alkoi kova säpinä, kuka ensiksi pääsee luukusta sisään. Toisena päivänä puuhastelin pihalla. Kanat seurasivat minua koko ajan. Kun kävelin pihapolulla, joku kanoista heittäytyi eteeni polulle makaamaan. Astuin sen yli ja ääneen ihmettelin, että mikä on hätänä. Jatkoin matkaani ja nyt toinen kana yritti estää kulkuani heittäytymällä polulle. Ne saivat minut ymmärtämään, että kaikki ei ole kunnossa. Lähdin kohti kanalan polkua ja kävellessäni juttelin, että mennään katsomaan, mikä on hätänä. Kävelimme taas jonossa kanalaan. Sieltä löytyi syy niiden käytökseen, vesikuppi oli kaatunut, ne olivat janoisia. Fiksuja otuksia, pienemmästä vihjeestä olisin tuskin ymmärtänyt, ne tiesivät sen ja ottivat "kovat keinot" käyttöön.

Olimme taas yhteisellä iltakävelyllä, kun huomasin, että Alma jäi jälkeen muista, sen näytti olevan vaikea liikkua. Se meni kuitenkin illalla normaalisti yöpuulleen nukkumaan, joten en miettinyt asiaa enempää. Aamulla menin päästämään kanoja ulos. Ulos rynnisti vain kolme kanaa, Alma makasi lattialla, sen jalat eivät toimineet. Se katsoi minua pää kallellaan kuin itsekin ihmetellen tilannetta. Nostin sen syliini ja tutkin jalat, niissä ei ollut mitään näkyvää vammaa. Se antoi minun tutkia itseään ihan rauhassa, se ei vaikuttanut kivuliaalta tai muuten sairaalta. Päätin seurata tilannetta jonkin aikaa. Annoin Almalle ruokaa, se söi ja joi normaalisti, mutta teki sen maaten. Tein heinistä pehmustetun nukkumapaikan, nostin Alman siihen ja jätin vesikupin niin että se ulottuu juomaan. Kävin usein kanalassa vaihtamassa Alman asentoa ja liikuttelemassa ja sen jalkoja. Alma vaikutti tyytyväiseltä, mutta makoili paikallaan. Aloin pikkuhiljaa jättää ruokakupin vähän kauemmaksi Almasta, yritin aktivoida sitä omatoimiseen kuntoutukseen. Vähitellen se alkoi päästä ruokakupin viereen. Kävin kuitenkin usein sitä katsomassa ja liikuttelemassa. Nostin sitä jaloilleen ja se oppi nopeasti seisomaan paikallaan omilla jaloillaan ja söi seisten. Vein sen päiväksi ulkohäkkiin, missä se sai olla ulkona, mutta oli turvassa. Vähitellen se oppi kävelemään uudestaan, mutta ei pitkään aikaan päässyt yöpuulleen, kävin sen sinne iltaisin nostamassa. Se hyötyi kuntoutuksesta ja toipui täysin sen kesän aikana.

Olimme kauppareissulla, kanat jäivät pihalle tonkimaan. Kotiin tullessamme kanoja oli vain kaksi. Alma ja Saimi olivat poissa. Haimme niitä koko pihan alueelta, mutta niitä ei löytynyt koskaan. Olikohan ilves vieraillut uudestaan? Sen jälkeen pidin Hilmaa ja Helliä ulkohäkissä ulkoilemassa, vapaaksi päästin vain, kun olimme itse pihalla. Lähdimme vähän myöhäiseen iltakylään naapuriin, jätimme Hellin ja Hilman ulkohäkkiin. Näin heti kun ajoimme pihaan, että kanat eivät ole häkissä, ne olivat kadonneet jäljettömiin. Häkki oli ehjä, mikä otus on saanut vietyä kanan kokoisen ja painoisen saaliin yli korkean verkkoaidan? Nyt ei voinut syyttää ilvestä, ei kettua, eikä näätää. Sen on täytynyt olla jokin petolintu, sekin mahdollisuus tuntui uskomattomalta. Kanojen kohtalo jäi arvoitukseksi.

Lempipaikkamme pellon laidassa

VIESTIKYYHKYT

Kanojen katoamisesta oli kulunut vajaa vuosi, oli maaliskuun alku. Pelloilla oli vielä paksu lumikerros, talvi oli ollut runsasluminen ja kylmä. Päivällä alkoi aurinko kuitenkin lämmittää ja ilmassa oli kevään merkkejä ja tuoksuja. Oli itsestään selvää, että kyyhkysten oli aika tulla elämäämme. Olin ottanut selvää Varsinais- Suomessa asuvista kyyhkysenkasvattajista. Meitä lähinnä oli Kennel-Callex. Soitin kennelin omistajalle Kalle Pohjolalle. Hän lupasi ystävällisesti, että saamme tulla katsomaan kyyhkysiä hänen lakkaansa. Odotin kiihkeästi päivää, jolloin pääsen tutustumaan kyyhkyihin, en ollut aikaisemmin edes nähnyt viestikyyhkyjä. Kun ajoimme talon pihaan, tiesimme. että olemme oikeassa paikassa, Kalle oli juuri päästänyt linnut lennolle ja suuri parvi kyyhkysiä kaarteli talon yläpuolella. Vaikka olin malttamaton, joimme maltillisesti pullakahvit ja jutustelimme kyyhkyistä. Kahvin juontimme keskeytyi yllättäen, kun talon koira alkoi pihalla haukkua vimmaisesti. Kalle hyppäsi ikkunaan ja säntäsi saman tien ulos. Me muut juoksimme perässä, vaikka emme ymmärtäneet mitä tapahtui. Pihalla lenteli höyheniä ja kyyhkysiä säntäili sinne tänne. Kalle osoitti maasta nousevaa lintua, se oli haukka. Pihalle, lakan viereen jäi raadeltu kyyhkynen. Haukka istui rauhallisena pienen matkan päässä pylvään nokassa eikä välittänyt koiran haukunnasta eikä meistä mitään. Seisoin ja katselin haukkaa, harvoin näkee niin läheltä niin upean kaunista lintua. Menimme katsomaan minkä linnuista haukka oli saanut. Kalle kertoi, että se oli hyvä lentäjä ja suunnistaja, vahinko oli suuri.

Siinä tuli ensimmäinen opetus minulle, tulevalle kyyhkysten kasvattajalle. Haukka on suurin vihollinen ja kyyhkysten verottaja lakan ympäristössä.

Sitten pääsimme kyyhkyslakkaan eli lintujen kotiin. Perinteisesti lakka on talon tai ulkorakennuksen vesikaton ja laipion välinen tila. Siellä kasvattajat pitivät lintujaan, ennen kuin niille alettiin rakentaa erillisiä rakennuksia kyyhkysten kodiksi. Lakka, missä olimme, oli suuri ulkorakennuksen viereen rakennettu tila. Kävelimme keskikäytävällä ja Kalle jutteli kyyhkysille leppoisalla äänellä, ne tuntuivat kuuntelevan, se tuntui ihmeelliseltä. Lintuja oli paljon, muistaakseni 60. Tunnelma oli kuin kyyhkysten torilla. Lintuja oli pienissä ryhmissä, perheittäin ja yksittäin. Kaikki puuhastelivat omia juttujaan, alun hämmennyksen jälkeen ne eivät antaneet meidän häiritä arkeaan. Kalle harmitteli edelleen haukan raatelemaa kyyhkystä, se oli taitava suunnistaja ja hyvä kilpailulintu. Ahaa, niiden kanssa voi myös kilpailla. Saimme paljon tietoa kyyhkysistä ja niiden hoidosta ja intoni nousi entisestään. Taitaa todella muuttua todeksi unelmani kyyhkysten kasvatuksesta. Kalle lupasi miettiä, miten minun olisi parasta aloittaa. Saimme ohjeita lakan rakentamisesta, lähdimme kotiin rakennuspuuhiin ja odottamaan Kallen päätöstä aloittamisesta.

Meillä oli jo kanala valmiina eli puolilämmin tila, minkä sisustimme kyyhkysten kodiksi. Se oli sopivan kokoinen 20:lle linnulle. Siinä oli helposti puhdistettava lattia ja ristikkoikkuna valoa antamaan. Toiselle seinälle rakensimme pienen kaapin varastoksi ruoka- siivous ym. tarvikkeille. Olin siinä onnellisessa asemassa, että saatoin aloittaa harrastukseni niin että kaikki linnut olisivat samalla osastolla eli niiden ulkoilua ei tarvitse rajoittaa. Lakan toiselle seinälle rakennettiin pesimäloosit, teimme niitä aluksi neljä. Jokaiseen loosiin laitettiin pesimäkulho helpottamaan lintua pesän rakentamisessa, kiihdyttämään pesinnän alkamista ja helpottamaan siivousta. Linnut tarvitsevat myös istumaorret. Ne ovat erillisiä v-mallisia orsia, jokainen lintu tarvitsee omansa, mihin se yöksi käy nukkumaan.

Ruokintapaikka täytyy olla niin, että lintujen ulosteet eivät tipu niihin eikä linnut pääse kävelemään niiden päälle. Silti tilaa täytyy olla useamman linnun syödä yhtä aikaa. Lattianrajassa oli jo valmiina pieni ovi, mistä kanat kulkivat sisään ja ulos. Siihen seinustalle rakennettiin lentohäkki kanaverkosta, siinä nuoret linnut ulkoilivat ennen vapaa lentojaan. Ulkohäkkiin laitettiin istumaorsia ja vieritin sinne ison kiven ja pari koivupölkkyä. Isäni sattui olemaan kylässä ja teki lentohäkistä oven ulos helpottamaan hoitotoimia.

Sitten puuttui enää sputnik, se on laite minkä kautta linnut lähtevät lennolle ja tulevat takaisin lakkaan. Sputnik on laatikkomainen laite mikä voidaan kiinnittää lakan tai lentohäkin seinään ulkopuolelle. Laatikon alaosassa on luukku, minkä kautta linnut lähtevät lennolle. Luukun päällä on tasanne, mihin linnut laskeutuvat lennolta. Tasanteelta linnut pudottautuvat 11 cm x 11 cm kokoisen reiän kautta sputnikin sisään. Sputnikin mieheni rakensi itse ja se laitettiin lakan seinään niin, että se näkyi keittiön ikkunaan. Se on tärkeää lintujen seurannan kannalta. Myöhemmin huomasin, että oli myös mukavaa seurata, kun linnut palaavat lennoltaan. Lakasta tuli hieno, pieni ruutuikkuna oli kaunis, ikkunalaudasta tuli nuorten lintujen lempipaikka. Siinä ne istuivat katselemassa ulos. Lakan lattian rajassa oleva ulosmeno luukku toimi hyvin, siitä vielä lentotaidottomatkin poikaset pääsivät kurkistamaan ulkoilmaa ja tutustumaan ympäristöönsä.

LAKAN ENSIMMÄISET ASUKKAAT

Oli 20 pv maaliskuuta. Kalle oli päätynyt siihen, että meille siirretään pariskunta, jolla on kolmen viikon ikäiset poikaset. Kun poikaset ovat omatoimisia voivat vanhemmat mennä takaisin kotilakkaansa. Jännittyneenä lähdimme mieheni kanssa hakemaan kyyhkyjä. Kallen lakassa oli pitkä rivi pesimälooseja ja useissa oli hautova pari. Yhdessä oli meidänkin lintumme. Ne oli suljettu laatikkoon jo aikaisemmin päivällä, että saadaan mukaan varmasti oikeat linnut. Poikaset pääsivät matkaan pesäkupissaan. Vanhemmat hätääntyivät, mutta kun laatikon kansi suljettiin, linnut hiljenivät. Saimme mukaan myös pussillisen ruokasekoitusta ja ruokintaohjeita sekä luvan soittaa, jos tulee ongelmia.

En osannut kysyä mitään järkevää, vaikka tuntui että kaikki oli epäselvää.

Matkalla laatikossa oli ihan hiljaista. Kun kotilakassa aukaisin laatikon kannen, ne eivät edes yrittäneet tulla pois laatikosta. Nostin pesäkupin pesimäloosiin. Otin poikasen käsieni väliin, pidin ensimmäistä kertaa kyyhkystä käsissäni. Se värisi hiljaa, siipisulat tuntuivat liukkailta ja silkkisiltä. Sen pieni vartalo oli hauras, mutta kuitenkin jäntevä. Nostin molemmat poikaset pesäkuppiin, ne painautuivat toisiaan vasten turvaa hakien. Sain vanhemmatkin otettua laatikosta helposti, tuntui että ne olivat pelosta jähmeitä. Nostin vanhemmat pesäkupin viereen, ne nojasivat pesimäloosin takaseinään hämmentyneen näköisenä. Niiden kehonkieli oli paljon puhuva. Ne seisoivat suorilla jaloillaan ja todella nojasivat seinään, ne olivat peloissaan. Esittelin loosin perheelle, juttelin kaikenlaista, että ne tottuisivat ääneeni. Kerroin vanhemmille, että heidän lapsensa ovat nyt

Kettunen ja Valentina. Kettunen tuli Edu Kettusen laulusta lentäjän poika ja Valentina Thereskova oli ensimmäinen naisastronautti.

Kaikki linnut olivat väriltään sinisiä tai siniharmaita, mikä on yleisin väritys viestikyyhkyillä. Sinisiä kyyhkyjä on eri sävyjä, tummuus saattaa olla lähes mustaa. Niiden siivissä on yleensä kaksi selvästi erottuvaa tummaa raitaa. Toinen pääväri on punainen, niitäkin on sävyjä punaruskeasta suklaanruskeaan. Niillä on usein valkoisia siipisulkia, mutta niiltä puuttuu siipien tummat raidat. Edellisten lisäksi on myös täysin valkoisia kyyhkyjä.

Kävin usein lakassa juttelemassa pienelle perheelle. Vanhemmat istuivat aina ihan hiljaa, kun menin lakkaan. Kun istuin siellä hiiskahtamatta, ne unohtivat läsnäoloni ja alkoivat puuhastella omia juttujaan. Vaikka poikaset opettelivat itse syömään, myös vanhemmat ruokkivat niitä. Oli hauska katsella, kuinka poikaset roikkuivat vanhempien leuan alla ruokaa kerjäten. Vanhemmat pakenivat niitä ulkohäkkiin, koska sinne poikaset eivät vielä uskaltautuneet. Muutaman päivän kuluttua huomasin, että poikaset olivat väsyneen oloisia ja hiljaisia. Vanhemmat ilmeisesti stressaantuivat muutosta, eivätkä kyenneet riittävästi huolehtimaan lapsistaan. Ostin kanarialinnun pieniä jyviä ja laitoin erillisen avoimen juoma-astian poikasille. Ne olivat ilmeisesti nälkiintyneitä, koska virkistyivät parissa päivässä. Perhe kotiutui vähitellen. Poikaset oppivat vanhempiaan seuraten menemään lentohäkkiin, yöksi pesään nukkumaan ja syömään ja juomaan. Poikaset ovat lentotaitoisia noin kolmen viikon ikäisinä. Kettunen ja Valentina olivat vähän myöhässä kehityksestä, ilmeisesti muutto oli niille stressaavaa ja häiritsi asioiden oppimista. Annoin poikasten kasvaa rauhassa ennen kuin aloitin koulutuksen lakan ulkopuolella käyttäytymisestä. Normaalisti poikaset oppivat menemään ulos ja tulemaan sisälle vanhempiensa ja lakan muiden asukkaiden esimerkistä. Nyt niillä ei ollut vanhempia lintuja oppaana, koska poikasten omia vanhempia ei voinut päästää vielä ulos. Sovimme että ne saavat tehdä vielä toiset poikaset ja päästän ne sitten ulos. Ne voivat itse päättää lähtevätkö lapsuudenkotiinsa vai jäävätkö meille.

Kun Kettunen ja Valentina tuntuivat voivan hyvin, oli aika aloittaa sputnik-koulutus. Ne olivat jo ulkoilleet ulkohäkissä ja osasivat lentää ja tunsivat vähän ympäristöä. Ne eivät pelänneet käsittelyä ja ne oli helppo saada kiinni lakasta. Vein ne ensin vuorotellen ulos, kävelin ulkona lakan läheisyydessä ja esittelin ympäristöä. Sitten laitoin poikasen sputnikin tasanteelle. Se tepasteli tasanteella ja kurkki luukusta sisään. Se yritti myös lentoon lähtöä, mutta estin sen. Kun se taas kurkki luukusta, työnsin sen hellävaroen sisään. Kettusen kanssa se sujui hyvin, Valentina laittoi topakasti vastaan, jouduin käyttämään lievää väkivaltaa, että sain sen pudotettua luukusta lakkaan. Toin ne uudestaan ulos ja laitoin sputnikin tasanteelle. Ne selvästi tunsivat turvattomuutta ilman vanhempiaan. Ne tepastelivat hetken sputnikin tasanteella ja pujahtivat aukosta sisälle, fiksuja poikia. Poikaset oppivat nopeasti tekemään pieniä lenkkejä pihalla, ne istuskelevat mielellään savusaunan katolla. Näin ne oppivat tunnistamaan ympäristöään, se on tärkeä taito, kun palaa lennolta kotiin.

Kyyhkyset palaavat aina siihen lakkaan, missä ne ovat syntyneet. Kotiin palaaminen perustuu haluun palata kotiin, niitä motivoi puoliso ja ruoka. Lisäksi tarvitaan lentokykyä, suuntavaistoa ja rohkeutta. Parhaimpiin kyyhkyn suunnistusteorioihin kuuluu, että viestikyyhky tunnistaa auringon suhteellisen sijainnin sekä maan magneettikentän. Niiden avulla se palaa kotiin, mutta on edelleen epäselvää, miten se sen tekee. Se kuitenkin tiedetään, että viimeiset 20-30 kilometriä ne suunnistavat oppimiensa maamerkkien avulla. Siksi on tärkeää, että ne jo pienenä pääsevät ulos tekemään havaintoja ympäristöstään.

Oli aurinkoinen kevättalven aamu ja hankikanto. Otin Valentinan ja Kettusen kuljetushäkkiin ja kävelimme Lillin kanssa keskelle peltoa. Pellolla aurinko häikäisi, kun se heijastui vitivalkoisesta lumesta, taivas oli kauniin sininen. Laskin häkin hangelle ja aukaisin oven, Kettunen ja Valentina kurkkivat ulos mutta eivät uskaltautuneet pois häkistä. Lilli tuli haistelemaan ja ihmettelemään tilannetta ikään kuin kannustaakseen poikasia. Lopulta poikaset kuin yhteisestä sopimuksesta pyrähtivät siniselle taivaalle. Juoksentelimme Lillin kanssa hangella edestakaisin. Kettunen ja Valentina seurasivat meitä lennellen yläpuolellamme kirkkaassa auringossa. Kyyhkyn siivet ovat pitkät ja vahvat ja ne käyttävät niitä taidokkaasti. Olimme yhtä perhettä ja ne esittelivät meille taitojaan ja selkeästi ne nautiskelivat.

Huutelin ihastuneena kannustuksia, olen ihan varma, että ne kuulivat, koska lentonäytös vain parani. Olin aivan lumoutunut niiden kauneudesta ja taidoista. Kun kävelimme Lillin kanssa kotipihalle, Kettunen ja Valentina katosivat aurinkoiselle taivaalle. Pian tämän jälkeen ne olivat 45 min poissa pihapiiristä. Huolestuneena odotin niitä. Riemu oli suuri, kun taivaalta kuului "jarrutusääni", siipien suhahdus ja ne laskeutuvat sputnikin tasanteelle. Seuraavana päivänä veimme ne autolla kahden kilometrin päähän, oli aika opetella suunnistamista kotiin. Taas seisoskelin pihalla ja tähyilin taivaalle. Ne ilmestyivät äkillisesti jostakin ja laskeutuivat sputnikin tasanteelle. Ne tepastelivat siinä ikään kuin odottaen kehuja, niitä ne saivatkin. Menin lakkaan laittamaan ruokaa tarjolle. Ne olivat oppineet tunnistamaan jyvien helinän ruokakupissa ja pujahtivat sputnikista sisään. Hyvä Kettunen ja Valentina.

Kyyhkyset tekevät aina kahdet poikaset peräkkäin. Viimeistään kolmen viikon kuluttua ensimmäisten munien kuoriutumisesta emo munii toisen kierroksen munat. Emolinnut pariutuivat 30.4. Se on vanhalla kyyhkysparilla nopea, muutaman sekunnin kestävä toimitus. Naaras painautuu maahan pää alhaalla ja koiras ponnahtaa sen selkään ja hedelmöittää sen. Nyt pääsin seuraamaan kellontarkkaa aikataulua mitä kyyhkyset noudattavat lapsenteossaan. Heti pariutumisen jälkeen koiras aloittaa pesäntekopuuhat. Se tekee uusille poikasille uuden pesän, koska ensimmäisen kierroksen poikaset ovat vielä paljon pesässä ja emot ruokkivat niitä edelleen. Yleensä pesä on muutama risu ristissä, siellä ei juurikaan munat pysy, siksi pesäkuppi on tarpeellinen. Koiras kantaa pesään risuja ja oksia ym. Koiraissa on suuria eroja, miten paljon ne näkevät vaivaa pesän rakentamisessa. Naaras ei osallistu pesän tekoon. Uros suojelee sitä, sillähän on vatsassaan poikasen aihio. Toin lakkaan heiniä ja oksia, niitä koiras ylpeänä kantoi pesään. Naaras kävi välillä paikalla arvioimassa tilannetta ja siirtelemässä risuja vähän toiseen paikkaan. Viiden päivän kuluttua pariutumisesta koiras alkaa ajaa naarasta pesään. Se näyttää tarpeettoman rajulta touhulta. Koiras nokkii naarasta niskaan ja hätyyttää kiihtyvällä tahdilla pesää kohti. Tuli mieleen, että hellempikin huomauttelu olisi riittänyt.

Tiesin että tästä viiden päivän kuluttua naaras munii ensimmäisen munan. Odotin sitä ja kävin usein lakassa katsomassa pariskunnan touhuja. Valentina ja Kettunen olivat 2 kk:n ikäisiä teinejä ja täysin omatoimisia. Meidän pariskuntamme oli hätäisiä tai minä en kaikkia vaiheita huomannut mutta 6.4, kun menin iltapäivällä lakkaan, emo istui pesässä. Se oli niin tyytyväisen näköinen, että tiesin heti, että sen alla on muna. Siirsin hieman lintua ja siellä oli kaunis valkoinen muna, minun lakkani ensimmäinen. Ensimmäisen munan emo tekee iltapäivällä klo 15-17 välillä, niin tapahtui. Nyt oli pariutumisesta kulunut 10 päivää. Toisen munan emo tekee kahden päivän kuluttua ensimmäisestä munasta. Tarkalleen 44 tuntia ensimmäisestä munasta eli se ajoittuu puoleen päivään. Vein lakkaan jakkaran ja istuin odottamassa toista munaa, se tuli juuri oikeaan aikaan. Ihmeellistä, kiehtovaa ja hämmentävää tarkkuutta, oli kunnioituksesta mykistynyt. Kyyhkyset tekevät kaksi munaa kerralla, ne olivat nyt pesässä ja hautominen voi alkaa.

Kyyhkysillä on alavatsalla höyhenistä paljas paikka. niin sanottu haudontalaikku. Emo asettaa munat siihen kohtaan, että linnun ruumiinlämpö pääsee vaikuttamaan muniin ja ne alkavat kehittyä. Emon ruumiinlämpö on n. 40 astetta. Siinä vaiheessa en vielä tiennyt haudontalaikusta. Ihmettelin munien harrasta asettelua rinnan alle. Kun se oli nokallaan asetellut munat oikeaan paikkaan, se vielä kehoaan liikutellen painautui munien päälle. Molemmat vanhemmat hautovat munia, mutta naaraalla on päävastuu hautomisesta. Koiras hautoo vain 1/3 osan vuorokaudesta eli noin klo 8-15. Tästä opin jatkossa tunnistamaan pariskuntien koiraat ja naaraat toisistaan. Se oli naaras, joka oli hautomassa, kun viimeisen kerran kävin illalla lakassa hyvää yötä sanomassa.

Kettunen ja Valentina olivat nuoria aikuisia ja käyttäytyivät kuten aikuiset. Päivittäin ne poistuivat pihapiiristä laajentaakseen ympäristötietouttaan. Ne elivät aikuisten elämää mutta silti kerjäsivät ruokaa vapaavuorossa olevalta vanhemmaltaan. Vanhemmat hätistelivät kerjäläisiä pois kimpustaan, että saivat itse syödä rauhassa. Emot hautoivat tunnollisesti. Ne vaihtoivat hautojaa "lennossa" lähes kellon tarkkuudella. Kun naaras oli hautomassa, koiras oli aina lähellä perhettään vahtimassa.

Kyyhkyset ovat innokkaita kylpijöitä. Vein ulkohäkkiin kylpypaljun. Koiras oivalsi heti paljun tarkoituksen. Se seisoi altaassa ja nokallaan suki höyhenensä kauttaaltaan. Se levitti upeat siipensä vuorotellen ja puhdisti siipien alukset. Nyt näin selvästi siipien koon ja vahvuuden. Lopuksi se läiski vettä ympäriinsä, ravisteli itseään ja pyöri altaassa. Lapset katselivat uteliaina vieressä. Ne saivat pärskeitä päälleen ja emon rohkaisemana uskaltautuivat astumaan altaaseen. Voi sitä kylpemisen nautintoa, ymmärsin olevani etuoikeutettu, kun sain seurata niiden ensimmäistä kylpyä. Ne osasivat heti tehdä samat liikkeet ja toimet kuin isänsä. Ne taidot taitavat olla geeneissä.

Haudonta kestää 17 vrk, laskenta alkaa toista munaa seuraavana päivänä. Koska syntymäpäivä oli tiedossa, vietin sen lähes kokonaan lakassa istuen. Meillä oli vieraita, mutta he onneksi ymmärsivät asian tärkeyden minulle. Ovathan lapset oman lakkani ensimmäiset. Mietin istuessani, että kumpi vanhemmista saa kunnian olla hautomavuorossa ja vastaanottamassa syntyvää vauvaa.

Aamupäivällä päästin isot pojat vapaalennolle. Ne ovat jo oppineet kuulemaan sputnikin luukun kolahduksen, kun avaan sen. Ne ryntäävät luukulle innoissaan. Kai niillä on myös sisäinen kello, koska päästän ne lennolle joka päivä samaan aikaan. Niille on tullut tavaksi lentää ensin viereisen savusaunan katolle ja vieläpä piipun päähän tutkailemaan ympäristöään. Aikansa katseltuaan ne katosivat pihapiiristä.

Istuin lakassa, koiras oli hautomassa ja naaras puuhasteli arkiaskareitaan. Se kävi ulkohäkissä peseytymässä, söi ja joi rauhassa. Se näytti nauttivan perheenäidin omasta ajasta. Iltapäivällä huomasin hautovan isän olevan vähän levoton, se liikehti pesässä ja kurkkasi välillä mahansa alle. Kohotin hiukan kädelläni linnun kylkeä ja näin sen. Toisessa munassa oli reikä ja siitä näkyi jonkinlaista liikettä. Isä suhtautui rauhallisesti uteliaisuuteeni, niinpä uskalsin hetken päästä kurkistaa uudestaan. Nyt kuoressa oli halkeama ja toisessa puolikkaassa kyyhötti pienen pieni poikanen, oikeastaan siitä näkyi vain iso pää ja kiinni olevat silmät. Nyt isä jo kiinnostui itsekin tapahtumasta ja tuuppi nokallaan poikasta ikään kuin auttaakseen. Näin poikasen nyt kokonaan. Hellyttävä rääpäle, ei mitenkään voi sanoa, että se oli kaunis, mutta sen hento olemus osui suoraan sydämeen. Se oli keltaisen ohuen nukan peittämä, pää muuhun kokoon nähden suhteettoman iso ja isossa päässä isot silmät. Silmät olivat kiinni niin kuin kissanpennulla syntyessään. Poikasen nokka on myös suuri ja ensisilmäyksellä tuli mieleen, että se on läpinäkyvä. Myös jalat ovat isot, ne sojottivat helposti sivuille, mutta se osaa koota ne alleen, kun sai rauhassa istua nököttää pesässään. Poikanen ei juurikaan liiku, koska sen kupu on pullottava ja raskas kyyhkyn maidosta. Olin niin ylpeä, ensimmäinen oman lakan poikanen, syntyi 25.4 klo 14.10. Kuoriutuminen sujui hyvin ja isä ja lapsi voivat hyvin. Lähdin lakasta kertomaan syntymän ihmeestä vieraillenille. Palasin lakkaan tunnin kuluttua. Äiti istui pesässä, siirsin vähän sitä nähdäkseni joko toinenkin poikanen oli kuoriutunut, olihan se. Näin nyt molemmat poikaset selvästi ja olisin vain halunnut katsella niitä, mutta äiti kyyhky oli eri mieltä. Se suojeli lapsiaan ja piti niitä tiukasti piilossa vatsansa alla. Isä kyyhky nautti omasta ajastaan syöden, juoden ja ulkoillen. Lakan lattialla oli kaksi munan puolikasta. Myöhemmin opin, että vanhemmat vievät munankuoret aina pois pesästä, jos lentohäkki oli auki, niin ne veivät ne ulos saakka. Ne eivät halua, että luonnossa munankuoret pesän vieressä kertovat vihollisille poikasten syntymästä.

Juuri syntynyt

Vieraista huolimatta istuin taas lakassa seuraamassa lasten hoitoa. Lapsia ei näkynyt, koska emot pitävät niitä kehollaan lämpimänä muutaman päivän ajan. Halusin niin kovasti ihailla poikasia, että kämmensyrjällä yritin siirtää emoa vähän syrjään. Äiti yllätti minut, se nousi seisomaan ja nokki käden selkääni rajusti. Se teki todella kipeää ja käteeni jäi jäljet. Tuli täysin selväksi, että poikasiin ei saa koskea. Istuin ja hyräilin tuttuja lastenlauluja vastasyntyneille. Odotin poikasten ruokkimista, olinhan nähnyt isojen poikasten ruokailuja, mutta miten se toimii pienten poikasten kanssa. Emo alkoi käydä vähän levottomaksi, koska mahan allakin oli levotonta. Poikaset liikehtivät, emo ymmärsi heti, että ne pyysivät ruokaa. Emo nousi seisomaan ja laski päätään kohti poikasia. Poikaset kohottivat kaulaansa ja työnsivät isot nokkansa emon nokan sisään syvälle. Molemmat poikaset yhtä aikaa, molemmin puolin emon nokkaa. Emo oksensi kyyhkyn maitoa suoraan poikasten suuhun. Emo ilmeisesti "herutteli" maitoa nousemaan, koska se ravisteli kevyesti yläkehoaan, poikaset pysyivät koko ajan kiinni emon nokassa. Helppoa, hygieenistä, nopeaa ja ulkopuolisen silmille kaunista katseltavaa. Tunsin taas olevani etuoikeutettu, että sain osallistua perheen elämään katselemalla.

Herkkä hetki

Molemmat emot ruokkivat poikasia. Kyyhkynen pystyy erittämään kyyhkyn maitoa. Sanonta, että jokin on makeaa kuin linnunmaito, on siis totta. Maitoa erittyy maitorauhasista kyyhkyn kupuun. Myös isäkyyhkyt erittävät maitoa. Muutaman päivän ajan poikaset saavat pelkkää kyyhkyn maitoa. Sitten emo sekoittaa kuvussaan maitoon siemeniä ja grittiä. Myöhemmin, kun poikaset kasvavat, maidoneritys lakkaa ja emot ruokkivat poikasia siemenillä ja vedellä. Sen vaiheen huomaa siitä, että emot käyvät ensin syömässä itse, että kuvussa on poikasille annettavaa. Kyyhkysen ruuansulatus on alkeellista, ne tarvitsevat grittiä, karkeaa "soraa", mikä ikään kuin jauhaa siemenet kuvussa käyttökelpoiseksi massaksi. Luonnossa kyyhkyt nokkivat pieniä kiviä maasta. Vaikka niillä oli lakassa grittiä tarjolla, ne silti mielellään kerääntyivät hiekalle kiviä nokkimaan.

Lakassa asui nyt kuusihenkinen perhe. Vanhemmat, teini kaksoset ja vastasyntyneet kaksoset. Oli vapun aatto, kevät oli lämmin ja tuoksuva. Opetin nuorisoa, Valentiinaa ja Kettusta, pikkuhiljaa suunnistamaan kotiin eri ilmansuunnista. Vein niitä autolla yhä pidemmälle ja eri paikkoihin. Oli aina yhtä suuri ihme ja helpotus, kun ne ilmaantuivat taivaalle ja suhahtivat sputnikin tasanteelle. Kuuden viikon ikäisenä ne olivat pois pihapiiristä 45 min. Kun pienet lapset olivat viiden päivän ikäisiä, molemmat vanhemmat olivat yhtä aikaa ulkohäkissä ja pääsin ihailemaan poikasia vapaasti. Ne kyyhöttivät toisissaan kiinni, kaikki niiden etuosassa näytti liian isolta. Pää, nokka, silmät ja pullollaan oleva kupu. Vanhemmat olivat ruokkineet ilmeisesti ne juuri ennen ulos lähtöään. En tiedä kuinka monet poikaset vanhemmat olivat jo yhteisen elonsa aikana saaneet, mutta ne hoivasivat lapsiaan tunnollisesti ja varman tuntuisesti.

Seuraava aamu, vapunpäivä, ensimmäisten poikasteni rengastamispäivä. Renkaat ovat kyyhkysen tunnisterenkaat. Niitä saa tilata Suomen viestikyyhky-yhdistyksen kautta. Renkaassa on maatunnus, syntymävuoden kaksi viimeistä numeroa ja tunnistenumero. Renkaan väri vaihtuu vuosittain, sinä vuonna renkaat olivat punaisia. Viestikyyhkyyhdistys pitää kirjaa renkaista, kenelle kasvattajalle mitkäkin tunnisterenkaat on lähetetty. Jos löytää eksyneen kyyhkysen tai vaikkapa vain renkaan voi renkaan numeron ilmoittamalla saada selville linnun omistajan sekä hänen yhteystietonsa.

Rengas kiinnitetään linnun oikeaan jalkaan väärinpäin. Näin se on helposti luettavissa, kun lintua pidetään kädessä. Poikanen otetaan vasempaan käteen ja kieräytetään kyljelleen. Vasemman käden sormilla otetaan linnun oikeasta jalasta kiinni. Rengas pujotetaan oikealla kädellä linnun kolmen etuvarpaan läpi. Linnun neljäs, takavarvas, työntyy renkaan mukana vasten linnun nilkkaa, jääden renkaan sisään. Rengasta työnnetään varovasti ylöspäin linnun jalkaa, niin että takavarpaan lähtökohta tulee esille renkaasta. Hyvä apuväline on linnun käsisulka, sen kärki asetetaan nilkan ja varpaan väliin ja varvas vedetään ulos renkaasta. Helppoa, eikö totta?

Onneksi Ari Savelan kirjoittamassa kirjassa, Viestikyyhkyt, Harrastajan käsikirja, on hyvät kuvat, muuten olisi vaikea ymmärtää, mitä rengastuksessa tapahtuu. Kirjassa on myös selkeitä käytännön ohjeita, siitä oli suuri apu aloittaessani elämääni kyyhkysten kanssa.

Poikasen saa helposti kyljelleen käteen, koska se on vielä pieni. Sääri on kuitenkin ohut kuin tulitikku, miten siitä saa tukevan otteen katkaisematta sitä? Tarvitsin apukäsiä selvitäkseni ensimmäisestä rengastuksestani. Mieheni piteli poikasta ja minä pujotin renkaan jalkaan. Sain sen hyvin pujotettua jalkaan, mutta tuntui pahalta ottaa jalasta kiinni niin lujaa, että sai renkaan niin ylös, että nilkan ja takavarpaan yhtymäkohta tuli näkyviin. Poikanen kiemurteli, sattuikohan siihen? Kun rengas oli tarpeeksi ylhäällä jalassa näin selvästi paikan mistä varvas täytyy vetää ulos. Se ei vaan onnistunut, sain kyllä sulan kärjen oikeaan paikkaan, mutta en saanut varvasta ulos renkaasta. Sitten huomasin, että poikasen kynsi jää kiinni renkaan reunaan, se esti varpaan vetämisen renkaasta. Kynsi irti reunasta ja hups, rengas oli paikoillaan ja poikanen ehjänä.

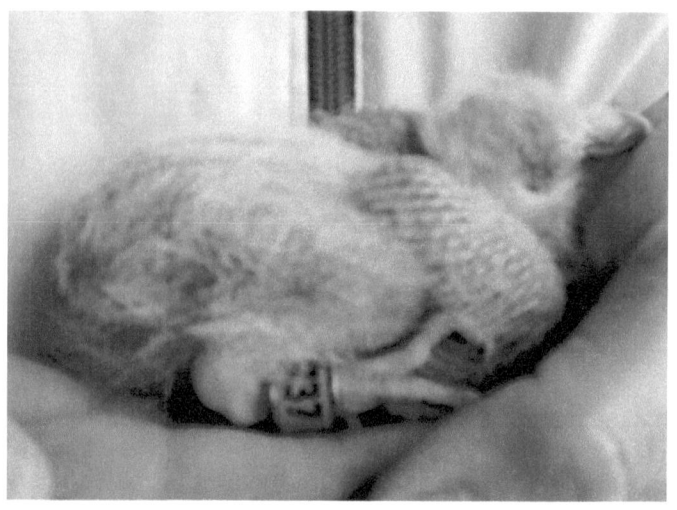

Juuri rengastettu

Poikaset kasvoivat kovaa vauhtia ja ulkonäkö muuttui joka päivä. Kun ne olivat 8 päivän ikäisiä, hajanaisia höyheniä alkoi kasvaa koko vartalolle, lapset olivat hellyttäviä. Kun menin aamulla lakkaan, ne nousivat ensimmäistä kertaa jaloilleen seuraamaan tapahtumia. Kun vein kättäni lähelle poikasia, ne kohottivat itseään ja päästelivät hauskaa, naksuttavaa ääntä, tarmokkaasti ne puolustautuivat. Ilmeisesti se oli pelosta johtuvaa ääntelyä koska emot reagoivat siihen heti ilmestymällä paikalle.

Seuraavana, kauniina keväisenä päivänä, päätin että Kettusen ja Valentinan on aika opetella tulemaan kotiin uudesta ilmansuunnasta ja paikasta mihin ne viedään autolla. Otin ne laatikkoon ja vein noin kuuden kilometrin päähän kotoa, laajan mäen päälle. Ajattelin että sieltä näen kauan niiden lentoa ja sitä mihin päin ne suunnistavat. Innoissaan ne lähtivät laatikosta ja sujahtivat taivaalle. Jostakin ilmestyi heti suuri naakkaparvi, ne ympäröivät Kettusen ja Valentinan. Näin heti niiden kauhun ja yrityksen paeta. Parvi seurasi niitä kuitenkin herkeämättä ja ne katosivat näkyvistä. Odottelin niitä jonkin aikaa, vaikka tiesin että ne suunnistavat kotiin, jos mahdollista. Kotona ei kuitenkaan poikasia ollut. Koko loppupäivän odottelin, seurasin tarkasti sputnikia ja toivoin, että kuuluisi se tuttu suhahdus, kun ne laskeutuvat sputnikin tasanteelle. Niitä ei kuitenkaan näkynyt, enää koskaan. Kyyhkyoppaani lohdutti, siihen vaan täytyy tottua, että kyyhkyjä tuli ja meni, se kuuluu harrastuksen luonteeseen. Ne olivat ensimmäiset kadonneet poikaseni, sitä oli vaikea hyväksyä.

Oli kulunut viikko poikasten katoamisesta. Toiveikkaana lähdimme Lillin kanssa lintulaa kohti, josko sittenkin Kettunen ja Valentina olisivat palanneet. Niitä ei kuitenkaan näkynyt saunan katolla, ei ulkohäkin katolla eikä sputnikin tasanteella. Viikko olikin liian pitkä aika niin nuorille linnuille selvitä luonnossa, poikasten menetys oli vain hyväksyttävä. Luonto antoi lohtua ja voimaa. Savusaunan seinustalla kukkivat idänsinililjat ja krookukset sinikirjavana mattona tumma hirsiseinä taustanaan. Yöllä oli satanut, polku lakkaan oli märkä ja liukas, Lillillä oli vaikeuksia päättää, juokseeko polulla vai polun vieressä. Lilli ei saanut tulla lakkaan, se tiesi sen hyvin ja jäi aina kiltisti odottamaan. Kun menin lakkaan sisälle, löysin äiti kyyhkyn makaamasta lakan lattialta. Nostin sen käsiini, se oli vetelä ja painavan oloinen, näki heti, että se on sairas. Laitoin sen pesään lepäämään ja lähdin kysymään neuvoa oppaaltani. Hän kertoi heti, että oireista päätellen sillä on suolistoloisia. Kyyhkynen oli vielä oppaani lintu, siksi kävin hakemassa lääkkeet häneltä ja sain myös mukaan hyvät ohjeet niiden antamiseen. Äitikyyhky oli kyllä eri mieltä lääkkeiden tarpeellisuudesta, mutta sain ilmeisesti annettua sitä tarpeeksi, koska se oli taas toimintakykyinen parissa päivässä. Pienet poikaset kasvoivat kovaa vauhtia, ikää on nyt kolme viikkoa. Ne tulivat jo pois pesästä opettelemaan omatoimista syömistä. Alussa ne heittelivät jyviä pitkin lakkaa, mutta oppivat nopeasti mitä jyvillä tehdään. Vaikka ne osasivat jo syödä, ne siitä huolimatta kerjäsivät ruokaa vanhemmiltaan roikkumalla niiden leuan alla. Vanhemmat hätistelivät helläkätisesti ne pois kimpustaan, että saivat ruokarauhan. Poikaset olivat kauniita. Väritys oli molemmilla tumma, höyhenet vielä hentoa ja untuvaista ja päälaella kasvoi hiustöyhtöjä. Ne olivat teinejä ja näyttivät teineiltä.

Linnut sotkevat lakassa reippaanlaisesti. Ulostetta kerääntyy runsaasti kaikille pinnoille. Siivosin lakassa joka päivä suurimmat ulostekasat pois. Suuremman siivouksen eli pesien ja kaikkien pintojen puhdistuksen tein noin viikon välein riippuen siitä kuinka paljon lintuja lakassa oli. Poikaset olivat vajaan kuukauden ikäisiä, ne eivät olleet käyneet vielä ulkona. Nostin ne ulkohäkkiin siivouksen ajaksi. Ihan nauratti niiden hämmennys ja ihmettely. Ne istuivat rinnatusten koivuhalon päällä ja pyörittelivät päätään niille ominaisella tavalla äkkinäisin nykäyksin. Kuin yhteisestä sopimuksesta ne äkkiä lennähtivät ikkunalaudalle ja kipittivät sisälle lakkaan. Tiesivät kuitenkin missä olivat ja miten pääsee turvallisesti kotiin. Se oli ensimmäinen lentoharjoitus. Seuraavana aamuna kun menin lakkaan, näin jo kaukaa, että poikaset istuivat lakan ikkunalla vanhempiensa kanssa, ihana näky. Pienikin rohkaisu näköjään riittää.

Kaunis Poika ja Mukelo kylvyssä

Poikaset olivat kuukauden ikäisiä. Koska niillä oli jo taito lentää, aloitimme sputnikin käytön harjoitukset. Sputnikista sisäänmeno tarvitsee vähän rohkeutta, koska siinä täytyy pudottautua sisään lakkaan. Otin poikaset yhtä aikaa ulos sputnikin tasanteelle, ajattelin että ne saavat toisistaan turvaa ja rohkeutta. Jouduin taas työntämään ne sputnikin reiästä sisään, mistä ne pääsivät lakkaan. Tein sen kaksi kertaa ja jätin sitten asian hautumaan seuraavaan päivään. Seuraavana aamuna toin poikaset sputnikin tasanteelle, ne livahtivat nopeasti sputnikin reiästä sisälle turvaan. Miten fiksuja poikia, ne oppivat nopeasti, miten pääsee kodin turvaan suuresta ulkomaailmasta. Toin ne uudestaan ulos ja laskin läheiselle sahapölkylle. Ne kyyhöttivät siinä vierivieressä ja kurottelivat kaulojaan nähdäkseen ympäröivää maailmaa. Niiden vanhemmat olivat ulkohäkissä ja ne lennähtivät ulkohäkin katolle lähelle vanhempiaan. Ne yrittivät epätoivoisesti päästä verkon läpi lakkaan. Hain vajasta pitkän laudan ja sillä ohjasin poikaset katon reunalle niin että ne näkivät sputnikin. Ne ymmärsivät tarkoitukseni ja lennähtivät sputnikin tasanteelle ja siitä sisään sputnikkiin.

Taas kerran ihmettelin niiden viisautta ja nopeaa oppimista, vaikka niillä ei ollut aikuisia lintuja opettamassa miten lakan ulkopuolella käyttäydytään.

Sputnikin käytön koulutus jatkui. Suljin aikuiset linnut ulkohäkkiin, että ne eivät pääse ulos, kun aukaisin sputnikin ulosmeno luukun. Jäin ulkopuolelle odottamaan mitä tapahtuu. Hetken päästä poikaset tulivat kovalla tohinalla luukulle kurkkimaan. Ne eivät uskaltaneet tulla ulkotasanteelle, vaan kurkkivat uteliaana luukusta ulos ja menivät takaisin sisälle. Sitä edestakaisin kulkemista kesti kauan. Yritin puhumalla rohkaista poikasia lennolle, mutta ne aristelivat nousta siivilleen suureen maailmaan. Aivan kuin ne olisivat sisällä sopineet, että nyt mennään, ne ilmestyivät tasanteelle vierekkäin ja lennähtivät läheisen saunan katolle. Nyt näin selvästi niiden upeat pitkät siipisulat ja sulavan lennon. Ne istuivat hämillisinä saunan harjalla ja ikään kuin itsekin ihmettelivät rohkeuttaan.

Sitten äkkiä takaisin sputnikin tasanteelle ja sisään lakkaan. Siinä sen päivän ulkoilu.

Oli toukokuun 30. päivä. Kevät oli ollut lämmin ja heräsimme kesäisen lempeään päivään. Istuimme pihakeinussa aamukahvilla ja katselimme kukkivia omenapuita ja saunan seinustalla olevia koivuja, niiden vihreys oli joka aamu erilainen. Monessa kodissa oli juhlapäivä, koska oli koulujen päättymispäivä. Meilläkin oli juhlapäivä, pienten kyyhkysten nimenantojuhla. Juhla alkoi lakan siivouksella, en antanut vielä perheelle ruokaa, koska yleensähän syödään vasta virallisen juhlatoimituksen jälkeen. Hyvät ystävämme saivat kunnian toimia kummeina, odottelimme heitä paikalle juhlaruokia valmistellen. Kummit saivat keksiä nimet lapsille. Ystävämme tuntien odotimme jännittyneinä nimien valintaa. Kastepaikka oli lakan seinän vieressä, sputnikin alla. Varasimme paikalle savusaunan löylykauhan kastevettä varten ja pitkävartisen vesiväripensselin millä poikien päät kastetaan. Kummit saapuivat jännittyneinä. Kumpikaan ei ollut aikaisemmin pitänyt kyyhkystä kädessään. Poikaset olivat vähän hermostuneita, kun vieraat ihmiset tulivat lakkaan. Näytin, miten poikasta pidellään, että se pysyy rauhallisena. Kummit asettuivat paikalleen, talon isäntä toimi kastajana ja minä yleisönä. Mieheni kastoi vesiväripensselillä poikasen pään ja kummi lausui nimen. Ensin kastettiin kummitädin kädessä oleva poikanen, siitä tuli Anskuli. Kummisedän kädessä olevasta poikasesta tuli Volmari. Kun poikasilla oli nimet, kummit päästivät ne käsistään lentoon. Katselimme kun ne tekivät hämillisen kierroksen savusaunan päällä ja laskeutuivat sen katolle. Poikaset istuivat katon harjalla vieretysten ihmettelemässä niitä ympäröivää kauneutta. Ne eivät olleet vielä syöneet ja tiesin niiden olevan nälissään. Menin lakkaan ja ravistelin jyväkuppia ulkohäkissä. Se ääni sai poikaset liikkeelle, ne lensivät sputnikin tasanteelle ja tulivat tohisten sisälle. Koko perhe sai erikoisherkkua, maissia ja salaattia, ne asettuivat juhlapöytään nälkäisinä. Kummit perustelivat nimet, koska poikasten sukupuoli ei ollut tiedossa, kumpikaan nimistä ei välttämättä viittaa sukupuoleen. Mielsin kuitenkin Anskulin tytöksi ja Volmarin pojaksi, emme saaneet koskaan tietää oliko se niin. Kun linnut söivät herkkujaan, kummien kanssa nautimme kuohuviiniä poikasten ja kevään kunniaksi. Saimme myös kastelahjoiksi upeat käsinmaalatut munat, joita edelleen säilytän aarteinani. Kastejuhlat jatkuivat aamuyölle.

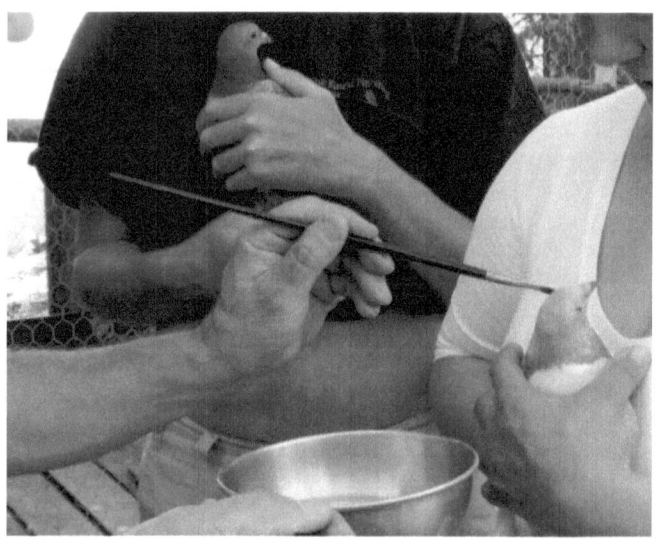

Anskuli ja Volmari saavat nimen

Isot poikaset olivat olleet kuukauden kadoksissa, oli jo pakko uskoa, että ne eivät palaa kotiin. Anskuli ja Volmari lensivät päivittäin saunan katolle ja takaisin. Vein ne kerran toiselle puolelle pihaa opettaakseni niitä menemään kotiin eri ilmansuunnista. Ne lentelivät pieniä lenkkejä pihalla mutta eivät harmikseni osanneet kotiin. Puuhastelin pihalla, poikaset olivat aina lähistöllä, ne tuntuivat seuraavan minua turvaa hakien. Oli kulunut 11 tuntia, ja ne alkoivat olla janoissaan, nälissään ja väsyneitä. Yöksi en uskaltanut niitä ulos jättää. Saimme lopulta saarrettua ne piha-aitan ylisille, sieltä haaviin ja kotiin. Vanhemmat joutuivat koville, kun nälkäiset poikaset hyökkäsivät niiden kimppuun ruokaa vaatimaan. Lakassa oli lopun iltaa hiljaista, kun perhe nautti rauhallisesta yhdessäolosta.

Viikon kuluttua kastejuhlasta äitikyyhky teki uuden munan, seuraavana päivän toisen munan. Upeaa uudet poikaset! Saman päivän iltana lähdimme

Tukholmaan mieheni tädin 90- vuotispäiville. Koska lakassa oli vain neljä lintua, täytimme juoma- ja ruoka-automaatit, vierasta hoitajaa ei linnuille tarvinnut. Jätin sputnikin sisäänmenoluukun auki siltä varalta, että isot pojat palaisivat kuitenkin kotiin. Siitä luukusta lakat asukkaat eivät pääse ulospäin, mielessä ei edes käynyt, että siitä luukusta voi joku mennä sisälle lakkaan. Olimme poissa kaksi yötä ja yhden päivän, kotiin palasimme aamupäivällä. Kun ajoimme pihaan, tähyilin jo malttamattomana lakan suuntaan. Ulkotarhassa ei näkynyt lintuja, mikä oli poikkeuksellista, ne yleensä viihtyivät siellä hyvin. Lähdin autosta suoraan katsomaan tilannetta. Huutelin mennessäni, normaalisti ne vastasivat jotenkin, mutta nyt oli ihan hiljaista. Aukaisin lakan oven, järkytys oli suunnaton. Irrallisia höyheniä lenteli kaikilla tasoilla ja lattialla. Verta oli seinillä ja ikkunalaudalla ja jopa ulkohäkissä. Kaikki linnut ja uudet munat olivat poissa. Tuho oli täydellinen, lakassa oli käyty veristä taistelua. Itkien juoksin kertomaan miehelleni onnettomuudesta. Kuvittelin lintujen kauhua, kun peto ajaa niitä takaa eikä mihinkään pääse pakoon. Ne olivat varmasti raivoisasti puolustaneet muniaan.

Kun mieli vähän rauhoittui, aloimme miettiä mitä oli tapahtunut. Sisään oli tultu avonaisesta sputnikin sisääntuloaukosta. Nyt kun ajattelen, on uskomatonta, että olin ymmärtämättömyyttäni jättänyt luukun auki pedoille. En ollut siihen mennessä nähnyt minkäänlaisia petoja ympäristössä, eikä mieleenikään tullut, että joku olisi kiinnostunut kyyhkyistä. Se oli todella surullinen opetus minulle. Sitten pohdimme mikä otus lakkaan oli tullut. Lakkaa siivotessamme löysimme lattialta tumman ulostekiehkuran. Tutkimme googlesta mille eläimelle se voisi kuulua. Parhaiten se sopi minkin ulosteeksi, minkin vierailu oli toki ihan mahdollista.

Seuraava aamu oli lämmin ja kaunis kesäkuun alun aamu. Istuin portailla odottamassa kahvin tippumista. Pihapiiri oli täynnä lintujen laulua, luonto oli herännyt uuteen päivään. Katselin kun edessä avautuvan pellon poikki kulki kaksi hirveä. Mieli oli vähän apea, normaalisti portailla istuessani näin kyyhkysten ulkohäkkiin, ja seurasin niiden aamutoimia. Menin sisälle ja istuimme mieheni kanssa aamukahville. Keittiön ikkunasta näkyi mäntymetsään, metsän reunassa kulki polkumme savusaunalta lammelle. Polkua reunusti tasaisen valkoisena kukkivat valkovuokot, ne piirittivät myös vanhan ison kannon, missä kissat istuivat mielellään odottamassa sisäänpääsyä. Metsän reunassa mäntyjen oksistossa näkyi liikettä. Osasimme jo odottaa muutaman aamun aamukahvi vierastamme, sieltähän se orava tulikin. Sen tummanruskea turkki vilahteli oksistossa. Ihailimme ja ihmettelimme oravan isoa kokoa ja oravalle epätyypillistä tapaa liikkua. Se oli erittäin notkea ja sulava ja liikkeet olivat kuin tanssia, ne seurasivat toisiaan liukuen. Se teki pitkiä loikkia, missä sen suuri koko tuli hyvin esille. Ne olivat upeita aamunavauksia. Orava katosi syvemmälle metsään ja unohdimme koko asian. Kun taas kerran puhuin isäni kanssa puhelimessa luontokokemuksistani, ihmettelin miten oravat voivat olla niin erikokoisia eri paikkakunnilla. Isä kuunteli ja kyseli oravan koosta ja liikkumisesta tarkemmin. Sitten hän naurahti ja sanoi, "sen täytyy olla näätä eikä orava". Hän myös keksi heti, "sehän se on tyhjentänyt teidän kyyhkyslakkanne". Niinhän se tietysti oli. Näimme näädän vielä useita kertoja liikkuvan puissa. Hassua, mutta sitä ei enää voinut enää mitenkään sekoittaa oravaan. Eräänä iltapäivänä tulimme Lillin kanssa kyyhkyslakasta tuttua polkuamme pitkin. Koko aamupäivän oli satanut ja ilma oli kostea ja raskaan lämmin. Ruoho oli märkää, Lilli ei siitä pitänyt ja pysytteli polulla. Äkkiä Lilli kuitenkin syöksyi savusaunan seinustalle korkeaan ruohikkoon ja aloitti raivoisan haukunnan. Ehdin nähdä, kun näätä lähti pakoon

Lilli perässään. Näätä lähti yllätettynä väärään suuntaan eli puistoalueelle, missä ei ollut puita mihin nousta turvaan. Se ei ollutkaan maassa yhtä nopea, kun puissa, mutta tarpeeksi nopea, että Lilli ei saanut sitä kiinni. Näätä ja Lilli juoksivat läpi puiston tontin alareunaan, missä oli yksinäinen koivu, siihen näätä kiipesi turvaan. Se nousi niin ylös kuin mahdollista ja painautui koivun runkoa vasten ja jäi siihen liikkumattomana istumaan. Siinä se oli paikallaan useita tunteja, kun puuhastelimme pihalla seuraten tilannetta. Lilli haukkui puun alla itsensä uuvuksiin. Se istui siinä iltayöhön saakka vahtimassa saalistaan. Lopulta jouduimme viemään Lillin väkivalloin sisälle syömään ja nukkumaan. Se ärisi niin kuin aina kun oli liian väsynyt. Näätä jäi puuhun, sen jälkeen emme sitä nähneet.

Pihapiirissämme liikkui muitakin tuntemattomia otuksia. Oli toisen vuotemme kevät uudessa kodissamme. Seurasimme mielenkiinnolla luonnon heräämistä. Meitä oli jo aikaisemmin ihmetyttänyt lepakoiden suuri määrä pihapiirissä. Pihaan menevän tien toisella puolella oli suuri, vanha haapa ja toisella puolella valtavan kokoinen pihakuusi. Kun ajoimme illalla puiden välistä pihalle, oli ilmassa kova liikenne puusta toiseen. Totesimme sen, mutta emme enempää kiinnostuneet. Ympäristössä oli paljon muutakin uutta ja mielenkiintoista. Kunnes......oli aikainen aamu, olin lähdössä töihin. Olin hetkeä aikaisemmin päästänyt Leevi-kissan ulos. Kun aukaisin ulko-oven, Leevi ryntäsi sisään näyttämään saalistaan. Se retuutti suussaan oravaa. Huomioni kiinnittyi oravan harmaaseen väriin ja otin sen pois Leeviltä. Ihmeissäni pyörittelin ja tutkin sitä, vaikka se oli niin ilmiselvää, kesti kauan ennen kuin totesin sen liito-oravaksi. Menin herättämään mieheni ihmettelemään kanssani. Nyt selvisi "lepakoiden" suuri määrä ja liitely puusta toiseen iltahämärässä. Ne olivatkin liito-oravia.

Uskomattoman upea juttu, asuimme liito-oravien kanssa samassa pihapiirissä.

Sen päivän opiskelimme liito-oravia. Ymmärsimme, miksi ne asuivat pihapiirissämme. Ne tekevät mielellään pesänsä vanhojen haapojen koloihin ja niiden herkkua on haavan lehdet. Talon takana oli haapametsä, ja pihalla olevassa suuressa haavassa oli pesäkoloja. Opimme myös, että ne ovat yöeläimiä, ne lähtevät liikkeelle auringon laskiessa ja vetäytyvät takaisin pesään ennen auringonnousua. Niiden ulosteet ovat pieniä, lähes kirkkaankeltaisia papanoita, niitä löytyy kasassa pesäpuun alta. Heti töistä tultuamme lähdimme tutkimusmatkalle haapojen joukkoon. Elämämme ensimmäiset liito-oravan papanat näimme ison pihahaapamme alla. Niitä oli iso kasa, ne löytyivät heti. Miksi emme aikaisemmin olleet kiinnittäneet niihin huomiota? Se oli varmuudella pesäpuu. Se oli ns. puistoalueella, siitä pääsi metsään vain ison pihakuusen kautta.

Sitten katsastimme alueen talon takana, missä kasvoi erikokoisia haapoja, sieltä löytyi toinen pesäpuu. Haapojen joukossa kasvoi pieniä koivuja, se oli hyvää ruokailualuetta liito-oraville. Elämä luonnon ja eläinten keskellä tuntui muuttuvan aina vaan suuremmaksi seikkailuksi.

Pihakeinustamme, missä paljon istuimme, näki suoraan suuressa haavassa olevan kolon suulle. Kun ilta lähestyi, asetuimme keinuun istumaan ja odottamaan auringonlaskua. Tuijotimme herkeämättä haavassa olevaa koloa, missä arvelimme pesän olevan. Aurinko vaipui pellon taakse. Saman tien pesäkolon suulle ilmestyi pieni pää, joka varovasti kurkki ympärilleen varmistaen sen turvalliseksi. Orava tuli ulos pesästä ja heti perään toinen orava. Näimme nyt ensimmäisen kerran liito-oravat puun rungolla. Ne liikkuivat pienin, nopein, äkkinäisin liikkein. Ensin ne kiersivät puun runkoa kisaillen keskenään, mutta aloittivat sitten juoksun rungon ympäri, edeten ylöspäin lähes puun latvaan. Katselimme lumoutuneena niiden leikkiä ja syömäpuuhia. Sitten ne näyttivät meille, miksi luulimme niitä lepakoiksi. Ne lähtivät samanaikaisesti liitoon tien yli kohti pihakuusta, katselimme hengittämättä, se ei voi onnistua, matkaa oli n. 25 metriä. Se näytti kuitenkin helpolta, ne liisivät liikkumatta, ihan kuin jokin näkymätön voima olisi kannatellut niitä. Äänettömästi ne katosivat kuusen oksistoon, se oli upea näytös. Kuusta ne käyttivät vain reittinä haapametsään talon taakse. Piha-alueella puita oli harvassa. Ne joutuivat tekemään 30-40 metrin liitoja päästäkseen metsään.

Kesän aikana vietimme paljon aikaa talon takana olevassa haapametsässä. Kun siellä seisoi hiljaa, voi kuulla hiljaisen rapinan, kun orava liikkui puun rungolla tai nakerteli lehtiä. Lillistä kehittyi hyvä liito-orava koira. Kun siltä kysyi, "missä on liito-orava", se pysähtyi kuuntelemaan ja ilmoitti kohta puussa olevan oravan haukahtamalla sen alla. Löysimme myös kolmannen pesäpuun tontiltamme, ihan pihaantulotien vierestä. Seisoimme usein tiellä ja katselimme kun oravat liitelivät puusta puuhun meistä välittämättä. Meistä tuli osa niiden iltapuuhia. Kissat joutuivat kuitenkin opettelemaan uuden rytmin elämäänsä. Ne olivat sisällä auringonlaskusta auringonnousuun. Se ei ollut helppoa, mutta onnistui pikkuhiljaa, kun annoimme niille ruokaa vasta kun illalla tulivat sisälle. Pieni Lilli oppi kissojen rytmin. Sanoimme illalla Lillille, että käy hakemassa kissat sisälle. Kohta ne kaikki kolme seisoivat oven takana ruokaa odottamassa.

Seurasimme liito-oravien elämää mielenkiinnolla. Meillä kävi paljon vieraita katsomassa iltayön näytöksiä. Oli ihmeellistä, miten kellon tarkasti liito-oravat toimivat. Ne ilmestyivät näkyviin heti kun aurinko oli laskenut. Tiesimme lähes minuutin tarkkuudella, milloin teimme katsomon pihakeinumme ympärille. Aina ne palkitsivat meidät. Erityisiä hetkiä oli, kun pienet poikaset opettelivat liitelemään. Ne tulivat ulos keskellä päivää, ja liitelivät pelottomasti pihapiirissä.

Eräänä sellaisena iltapäivänä istuin puutarhatuolissa katselemassa lentonäytöstä. Pienet oravat liitelivät puusta puuhun selvästi nauttien taidostaan. Välillä ne liisivät taloa kohti ja tarttuivat hirsiseinään. Hirsiseinä on sopivalla tavalla epätasainen, siinä piti kynnet hyvin kiinni, poikaset kirmailivat talon päätyseinässä. Äkkiä Lilli lähti vierestäni ja syöksyi talon seinän viereen. Se oli huomannut, että yksi pieni poikanen putosi maahan. Ennen kuin ehdin tehdä mitään, Lilli oli napannut poikasen hampaisiinsa. Juoksin ja huusin Lillille, että päästä irti. Lilli päästi poikasen hampaistaan, se putosi maahan ja jäi siihen. Voi Lilli......Otin poikasen käsiini, se oli elossa, mutta liikkumaton ja veltto. Se oli pieni, mahtui helposti kämmenelle. Väri oli hennosti helmenharmaa, sen silmät olivat kiinni, se oli kuin kaunis koru. Olin hetken ihan neuvoton, mitä teen? Hetken mietittyäni tiesin, että eihän minulla ole vaihtoehtoa, pakko minun oli yrittää pelastaa poikanen takaisin omaan elämäänsä. Päätin soittaa Korkeasaareen ja kysyä sieltä toimintaohjeita.

Tein paksusta froteepyyhkeestä pesän, mihin laitoin poikasen lepäämään. Vein pesän saunan lattialle, siellä oli lattialämmitys ja sieltä poikanen ei päässyt katoamaan tietämättäni. Se oli edelleen liikkumaton, mutta hengitti vaivattomasti. Lähdin soittamaan Korkeasaareen. Puhuin kahden ihmisen kanssa tilanteesta. He arvelivat poikasen olevan noin kuukauden ikäinen, silloin ne lähtevät pesästä tutustumaan ulkomaailmaan. Sain tarkkoja ruokinta ja hoito-ohjeita, sovimme myös, että soitan seuraavana päivänä uudestaan ja kerron poikasen voinnista. Menin saunaan katsomaan pientä potilasta, se oli noussut pesässään istumaan ja katseli hämillisenä ympärilleen. Pyyhkeen sisällä näytti olevan vain kaksi suurta, kaunista silmää. Tein ohjeitten mukaisesti ruokaseoksen ja laitoin sen lautaselle pesän viereen. Kastoin sormeni ruokaan ja annoin poikasen haistella sitä, se nuolaisi sormeani pienen pienellä kielellään, se oli kuin höyhenen hipaisu, sitten se vetäytyi piiloon pyyhkeen sisään. Sanoin hyvää yötä ja suljin saunan oven. Kävin kolme kertaa yöllä katsomassa hoidokkiani, aamuyöllä huomasin, että se oli syönyt ruokaansa, mutta nukkui hiljaa pesässään. Hyvä!

Aamulla herätessäni ensimmäinen ajatus oli pieni hoidokkini. Kun aukaisin saunan oven, se yllätti minut tulemalla vastaan ja yrittimällä livahtaa suihkukaapin alle. Kun estin sen, se puri minua napakasti sormesta ja pakeni takaisin saunaan. Menin perässä ja jäin seuraamaan sitä. Se oli täysin hereillä ja hyvinvoivan oloinen. Poikanen tutki pelottomasti ja uteliaana ympäristöään ja pysähtyi ikkunalaudalle katselemaan ulos. Se oli täydellisen kaunis ja lumoava otus, pienet kasvot ja suuret silmät tekivät siitä hellyttävän. Se oli syönyt ruokaansa ja oli täynnä tarmoa. Soitin taas Korkeasaareen ja pohdimme milloin sen olisi turvallisinta palata perheensä luokse. Päädyimme pitämään sen pyyhepesässään vielä päivän ajan, illalla kun liito-oravat lähtevät liikkeelle viemme sen takaisin metsään. Se nukkui pyyhkeen sisällä piilossa koko päivän eikä koskenutkaan ruokaansa.

Auringon laskiessa pieni oravakin heräili seuraamaan ympäristöään, otin sen pyyhepesässään mukaani metsään. Metsän laidassa, uimalampemme rannassa, paikassa mistä orava lähti liitoon kohti talon seinää, oli nuori koivu. Siinä oravat kävivät syömässä koivun versoja. Arvelimme, että siihen melko varmasti joku yhteisön jäsenistä tulee syömään. Nostin pyyhepesän lähelle tukevaa koivun oksaa, poikanen kurkisteli ulos pesästään, ihmetteli pienen hetken ja kirmaisi sitten koivun runkoa pitkin niin ylös kuin pääsi. Menimme tuoleihimme katsomaan mitä tapahtuu. Oli kulunut vain muutama minuutti, kun koivun latvaan ilmestyi aikuinen orava, mielelläni ajattelen, että se oli poikasen äiti. Oravat katosivat liidellen syvemmälle metsään. Koin suurta onnistumisen iloa, kun näin pikkuisen liidossa äitinsä kanssa. Seuraavana iltana istuimme taas samalla paikalla seuraamassa oravien iltarutiineja. Huomasimme yhtä aikaa, että nuoren koivun runkoa ylöspäin kiipesi pieni orava. Kun se pääsi puun latvaan, se lähti liitoon ja katosi metsään. Pikkuinen kävi kiittämässä hoivasta. Ole varovainen, turvallista kasvamista aikuiseksi.

Vajaan kuukauden kuluttua, heinäkuun alussa oli taas juhlapäivä, 33 v kihlajaispäivämme ja uusien kyyhkyjen saapuminen lakkaamme. Saimme hakea kyyhkyoppaaltani pesivän pariskunnan, joilla oli kaksi munaa. Linnut olivat jo valmiina laatikossa ja munat tutussa pesäkupissa minkä saimme mukaan. Matkalla kotiin ne vetäytyivät kuljetuslaatikon seinää vasten peloissaan ja munat olivat paljaana, ilman lämmittäjää. Kotona veimme pariskunnan nopeasti lakkaan, nostin pesäkupin sekä pariskunnan pesimäloosiin ja jätin ne rauhoittumaan. Parin tunnin kuluttua menin lakkaan katsomaan, munat olivat edelleen paljaana ja linnut olivat hätääntyneitä ja rauhattomia. Ne istuivat kumpikin omalla orrellaan, niillä ei näyttävän olevan aikomustakaan alkaa hautomaan. Syykin siihen selvisi, illalla klo 19:30, se on aika, jolloin naaras on hautomassa, kyyhkyoppaani soitti ja sanoi, että meillä on väärä kana. Oikea kana hakee hänen lakassaan kiihkeästi muniaan ja puolisoaan. Sovimme, että jätän äidiksi luullun kanan lakkaan ja tulen hakemaan oikean äitikanan hautomaan muniaan. Lähdimme Lillin kanssa pikaisesti matkaan. Perillä oli oikea kana jo laatikossa odottamassa perheensä luokse pääsyä. Vein laatikon lakkaan ja aukaisin kannen. Se pyrähti sieltä heti ulos ja lennähti pesimäloosin reunalle. Nyt ei ollut epäselvää oliko kana oikea. Voi sitä kyhnyttelyn ja suukottelun määrää, kun pariskunta pääsi yhteen. Jälleennäkemisen riemussa ne unohtivat kaiken muun, jopa munansa, ne eivät alkaneet hautoa niitä. Odotin vielä aamuun, mutta kun munat olivat edelleen paljaina, otin ne pois pesästä ja toivoin että ne tekevät pian uudet munat.

Lakassa asusti nyt pariskunta ja yksinäinen kana. Se oli selvästi onneton, tunsi ilmeisesti itsensä ulkopuoliseksi. Viikon kuluttua päästin sen ulos, se teki kierroksen pihapiirin yläpuolella hakien suuntaa ja lähti sitten määrätietoisesti kotiaan kohti. Soitin illalla oppaalleni ja sain kuulla, että kyyhkynen oli päässyt turvallisesti kotiin. Pariskunta asui kahdestaan lakassa. Ne olivat erittäin arkoja ja varuillaan, olikohan muutto uuteen kotiin niille liian traumaattinen kokemus? Kävin usein lakassa, istuin siellä laulemassa ja juttelemassa että ne tottuisivat läsnäolooni. Oli kulunut kuukausi, eikä uusista munista ollut tietoakaan. Pohdimme Kallen kanssa, että lakkaan täytyy saada eloa. Oli elokuun puoliväli, kun saimme hakea Kallelta neljä nuorta kyyhkyä lakkaamme. Yksi niistä oli vaalea, yksi ns. punainen ja kaksi sinistä. Elo lakassa alkoi sujua mutkattomasti, kaikki olivat tuttuja keskenään mikä varmasti helpotti kotiutumista. Odotin että alkaa piankin tapahtua poikasmarkkinoilla. Kesti kuitenkin kuukauden, ennen kuin 17.9 kantaäiti ja -isä saivat aikaan munan. Kuten asiaan kuului, kahden päivän kuluttua ilmestyi toinen muna. Voi sitä riemua, uuden erän ensimmäiset poikaset. En tiedä kuinka monet poikaset vanhemmat olivat tehneet, mutta ne hautoivat munia kellontarkasti.

Kun uudet munat olivat syntyneet ja lintujen lisääntyminen varmistettu päästin kaksi uroksiksi luulemaani, ärhäkkää lintua ulos. Näin nyt ensimmäisen kerran aikuisten lintujen lentonäytöksen, se oli upeaa katseltavaa. Niiden siivet ovat pitkät ja voimakkaat ja lento on taitavaa, käännökset ovat nopeita ja liitely kaunista, ne selvästi esiintyivät. Kyyhkyset tekivät muutaman kierroksen taivaalla ja katosivat. Ne valitsivat vanhan kotinsa ja lähtivät sinne, niinhän oli tarkoituskin. Seuraavana aamuna suureksi riemukseni toinen niistä palasi lakkaan. Annoin sille heti ruokaa ja se sai nimekseen Mukelo. Meille syntyi vuosien aikana vahva side, Mukelosta tuli lemmikkini, siitä tuli myös lakan johtaja, ilmeisesti muut linnut huomasivat, että se sai kaiken tukeni johtajuuteen, luotin sen taitoihin. Iltapäivällä päästin Mukelon ja kaksi muuta jäljellä olevaa lintua ulos, toinen vaalea ja toinen punaruskea. Taas upea lentonäytös minkä jälkeen vaalea lintu katosi siniselle taivaalle, se lähti vanhaan kotiinsa. Mukelo ja punaruskea lintu menivät yhteisessä ymmärryksessä sisälle lakkaan, sekin päätti jäädä meille. Se sai nimekseen Kaunis Poika.

Myöhemmin selvisi, että se ei ollut poika ja jäi siksi meille, kun oli jo valinnut Mukelon puolisokseen.

Lokakuun 5:nä päivänä kantaäidille ja -isälle syntyi kaksi uutta kyyhkysvauvaa. Lasten hoito oli hellää ja huolehtivaa. Vanhemmat olivat erittäin ärhäköitä, jos yritin kurkistaa lapsia siirtämällä emoa. Sain muutaman kerran kipakoita iskuja nokasta kämmenselkään. Poikaset oli kuitenkin pakko ottaa käteen, kun rengastin kuuden päivän ikäiset poikaset. Ne olivat erittäin vahvoja ja virkeitä eivätkä halunneet rengasta jalkaansa. Rengastus oli pieni taistelu koska olin siinä vielä noviisi ja poikaset laittoivat tarmokkaasti vastaan. Annoin poikasille nimet aina rengastuksen yhteydessä. Näistä lapsista tuli Aku ja Liina, viikonloppukylässä olevien pikkupoikien toivomuksesta.

Kaunis Poika hoivaa vastasyntynyttä

Sinä vuonna saimme kunnon talven jo marraskuussa. Oli kaunis, kirkas talvinen päivä, pakkasta muutama aste. Mukelo ja Kaunis Poika nauttivat kirkkaasta lentosäästä. Ne katosivat välillä hetkeksi näköpiiristä mutta palasivat pian pihapiiriin ja suhahtelivat ylitsemme. Niillä oli jotain mielessä. Ne laskeutuivat savusaunan piipun päähän ja parittelivat siinä. Se tapahtui nopeasti mutta oli kaunista ja romanttista. Se tietää uusia poikasia, perhe kasvaa.

Kantavanhemmat asuivat vielä lakassa, niitä ei voi päästää ulos niin kauan, kuin poikaset tarvitsevat vanhempiaan. Ne luultavasti lähtisivät takaisin vanhaan kotiinsa. Ne olivat sopeutuneet kuitenkin hyvin, olivat paljon ulkohäkissä ja ohjasivat lapsiaan. Olin vain kerran tuonut poikaset ulos ja työntänyt sputnikin reiästä sisään, loput opettivat Mukelo ja Kaunis Poika. Kun aikuiset lähtivät lennolle, päästin poikaset ulos. Poikasia ei voi päästää samaan aikaan ulos, että eivät lähde pitkälle lennolle vanhempien lintujen kanssa, siihen niillä ei ole vielä taitoja. Kun vanhemmat linnut palaavat lennolta, ne näyttävät poikasille esimerkkiä sputnikin käytöstä. En voi lakata hämmästelemästä, kuinka hyvin se toimii ja kuinka viisaita otuksia ne ovat. Kahden kuukauden ikäisenä Aku oli ensimmäisellä lennollaan vanhempien lintujen kanssa. Liinukka tyttönen pujahti lakkaan vanhempiensa turvaan, se ei vielä uskaltautunut muiden mukaan. Aina joutui huolestumaan nuorison puolesta, mutta se meni loistavasti.

Tammikuussa oli maassa paljon pehmeää, untuvaista lunta. Mukelo, Kaunis Poika, Aku ja Liina ulkoilivat lakan ympäristössä lennon jälkeen. Pihaa oli hiekoitettu ja ne nokkivat maasta hiekkaa ruuansulatustaan edistämään. Liian myöhään huomasin Lilja-kissamme vaanivan puukatoksessa. Se sai napattua pienen Liinukan ja livahti sen kanssa ladon alle. Mitään ei ollut tehtävissä, Liinukka joutui kissan syömäksi. Sain kokemuksen kolmannesta kyyhkyjen vihollisesta haukan ja näädän jälkeen. Asiaa vaikeutti se tosiasia, että tämä peto asui meillä.

Kun kyyhkyset munivat, munia on yleensä kaksi. Poikaset kasvavat kirjaimellisesti kylki kyljessä ja tekevät kaikki asiat yhdessä aikuisuuteen saakka. Nyt Aku poika jäi yksin, se istui ulkohäkissä orrella ja selvästi odotti siskoaan kotiin, voi pientä, sillä oli ikävä. Aina kun joku katosi lakasta, lakan sopusointu häiriintyi joksikin aikaa. Se näkyi koko lakan alakuloisena tunnelmana. Odottelin että nuorisomme,

Mukelo ja Kaunis Poika, laittaisivat munia parittelunsa jälkeen. Se parittelu oli vain huvia ja harjoittelua, koska munia ei alkanut kuulua. Ne olivat erittäin aktiivisia ja kesyjä, istuin usein lakassa ja seurasin niiden toimintaa. Lakassa vallitsi taas sopusointu ja rauha, nuori johtaja hallitsi työnsä.

Helmikuussa oli kylmää ja paljon lunta. Olimme Lillin kanssa aamukävelyllä, kun huomasimme hangessa isot, tien ylittävät jäljet, ihan kuin joku olisi kävellyt huopatossut jalassa. Lilli nuuhki jälkiä ja alkoi murista hiljaa, se pelkäsi. Mielessä vilahti karhu, mutta se tuntui mahdottomalta. Lähdimme seuraamaan jälkiä pellon poikki. Lilli hyppeli jäljestä toiseen, se mahtui kokonaan jälkikuoppaan. Jäljet johtivat pihallemme ja jatkuivat siitä metsään. Joissakin kohti jäljet olivat selvemmät, se ei ollut ihan tasainen huopatossun jälki. Voiko se olla sittenkin karhu? Emme uskaltaneet jatkaa jäljestystä, tuntui että karhu seisoo jossakin ja seuraa meitä. Soitin taas paikalliselle tutulle metsästäjälle. Hän kertoi, että kyllä se oli karhu, hän tiesi, että se on vieraillut pihallamme. Jostakin syystä se ei nuku talviuntaan vaan vaeltelee lähiseudulla. Varmistin, että eihän se vaan ole mennyt nukkumaan meidän puuvajaamme. Hän rauhoitteli, että kontio on jo 150:n kilometrin päässä, sen liikkeitä seurataan tarkasti. Olimme vaikuttuneita ja ylpeitä siitä, että metsän kuningas kävi pihassamme vierailulla.

Maaliskuun alussa saimme kevään ensimmäiset munat kantavanhemmilta. Kahden päivän kuluttua, odotetusti, ilmestyi toinen muna. Nyt myös nuoriso kunnostautui, Kaunis Poika teki munan ja kahden päivän kuluttua toisen. Nyt haudottiin kahdessa pesässä. Tai aktiivisesti haudottiin vain toisessa pesässä. Nuorta paria ei oikein jaksanut kiinnostaa hautominen. Vapaalennot ja uiminen ulkohäkin altaassa oli mukavampaa puuhaa. Munat olivat usein paljaana, kun menin lakkaan. Toruin, ohjasin ja uhkailin nuorisoa, tuolla hautomisella ette poikasia saa. Nostin usein Kauniin Pojan munien päälle, silloin kyllä oivalsi ja hautoi niin kauan, kunnes jotain mukavampaa oli näköpiirissä. Mukelo ei ollut vastuuntuntoinen isä. Kun oli isien vuoro hautoa, kantaäiti oli vapaalla, Mukelo yritti ajaa sitä muniaan hautomaan. Vai yrittikö vain saada tukea kokeneemmalta äidiltä? Kantaäiti oli myös kokenut kasvattaja, eikä suostunut hautomaan nuorison munia. Nuorison munien hautominen oli niin epämääräistä, että arvelin sen epäonnistuvan. Halusin kuitenkin saada Kauniin Pojan kaunista väritystä lakkaan. Laitoin nuorison toisen munan kantavanhempien pesään ja otin sieltä toisen munan nuorison haudottavaksi. Nuorison hautominen jatkui loppuun saakka yhtä laiskasti ja epämääräisesti kun oli alkanutkin.

Maaliskuun lopulla, niin kuin pitikin, meille syntyi kaksi uutta kyyhkysen poikasta, yksi kummallekin parille. Toinen muna kummassakin pesässä oli pilaantunut. En merkannut munia vaihtaessani, jäi selvittämättä mitä tapahtui, mutta oletin että nuorison munat pilaantuivat ja syntyneet poikaset olivat kantavanhempien. Jos niin oli, niin syntyneet poikaset olivat sisaruksia, toinen vaan kasvoi sijaisperheessä. Mietin jälkeenpäin, että nuoriso sai kyllä väärän viestin, jos luulivat, että sillä hautomisella ja munien hoivaamisella saa aikaan edes yhden poikasen. Kerroin kyllä niille totuuden ja kerroin myös seuraavani, miten lapsen hoito sujui.

Ikää kuusi päivää

Jostakin syystä munien vaihtaminen herätti turvattomuuden tunteen omissa aikuisissa pojissani.

Poikaset saivat nimekseen Lempilapsi ja Ottopoika. Epäilyksistä huolimatta Kaunis Poika ja Mukelo hoitivat pientä Ottopoikaansa hellästi ja tunnollisesti. Poikanen oli tosi pieni, tietysti jalkakin oli pienenpieni ja ohut. Kaunis Poika otti Ottopojan renkaan pois kolme kertaa. Se löytyi aina lakan perimmäisestä nurkasta. Onneksi poikanen oli niin pieni, että sain renkaan aina takaisin ja loppujen lopuksi äiti antoi sen olla paikallaan. Molemmat poikaset olivat yksinäisen ja orvon näköisiä, kun istuivat omissa pesäkupeissaan, ajattelin että niiden olisi mukavampi kasvaa yhdessä ja nuori pari alkaisi nopeammin tehdä uusia poikasia. Nostin Ottopojan kantavanhempien pesään, se oli väärin pientä kohtaan. Kantavanhemmat eivät hyväksyneet vierasta poikasta, hakkasivat siivillään, nokkivat eivätkä antaneet ruokaa pienelle. Oli pakko siirtää pieni Ottopoika takaisin nuorien sijaisvanhempiensa hoitoon. Onneksi se sai taas parantavan hellää hoivaa ja toipui traumaattisesta adoptio kokeilusta.

Koska kantavanhemmilla oli nyt poikanen, uskoin niiden tulevan lennolta takaisin, vaikka päästäisinkin ne ulos muiden kanssa. Niin kävikin, ne olivat lennolla muiden aikuisten lintujen kanssa ja palasivat kotiin muiden mukana. Ne olivat kotiutuneet meille ja voivat jatkossa käydä päivittäin lennolla. Poikaset olivat kahden viikon ikäisiä ja olivat jo pesässä pieniä aikoja ilman lämmittäjää. Päästin kaikki linnut, kantavanhemmat, Mukelon, Kauniin Pojan ja Akun päivittäiselle lennolleen aamulla klo 9. Normaalisti ne palasivat pihapiiriin noin tunnin kuluttua. Kello oli jo 12.30 eikä niitä kuulunut kotiin. Poikaset kävivät levottomiksi, ne reagoivat kaikkiin rapsahduksiin äänekkäällä piipityksellä, niillä oli nälkä. Oli pakko toimia. Tein vedestä ja jyvistä mössöä ja yritin syöttää eri keinoin. Parhaiten toimi, kun otin mössöä kämmenelle, poikaset upottivat nokkansa sormien väliin, kun puristin kättä nyrkkiin, mössöä pursui niiden suuhun. Se oli hankalaa ja epävarmaa saivatko ne ruokaa. Seuraavaan syöttökertaan, noin kahden tunnin kuluttua, keitin kaurapuuroa. Tein tyhjästä voideputkesta syöttöautomaatin. Leikkasin pohjaan nokan mentävän reiän mihin poikasen nokka mahtui hyvin. Pursotin puuroa poikasen suuhun. Se toimi hyvin ja sain poikaset ruokittua. Linnun kuvussa oleva ruoka, erityisesti poikasilla, on helposti tunnusteltavissa sormenpäillä. Täysi kupu myös painaa ja poikanen on etupainotteinen, jos kupu on täynnä. Laitoin poikaset samaan pesään, peitin villahuivilla ja jätin tyhjään lakkaan.

Koko iltapäivän odotin lintuja kotiin, kävin usein lakassa ja pidin keittiön ikkunasta silmällä sputnikin tasannetta. Satuin olemaan pihalla kun 17.45, Mukelo lennähti tasanteelle. Juoksin lakkaan, että ehdin näkemään sen reaktiot, kun se näkee poikasensa. Se oli ilmeisen väsynyt ja hermostuneen oloinen, kun se tupsahti sputnikista sisään. Poikaset nousivat jaloilleen ja alkoi kova piipitys ja ruuan vaatiminen. Mukelo varoi menemästä pesään, ensin se joi kauan ja hartaasti. Siitä se tuntui saavan voimaa, että jaksoi syödä. Seuraavaksi oli poikasten vuoro saada ruokaa. Oli taas kerran liikuttavaa seurata miten hellästi Mukelo ruokki ja huolehti poikasista. Kummallista, mutta se ei yhtään tuntunut ihmettelevän, että poikasia olikin nyt kaksi. Ikään kuin se olisi ymmärtänyt, että hän oli nyt ainoa aikuinen ruokkija molemmille poikasille. Kun poikaset hiljenivät, Mukelo meni omalle orrelleen nukkumaan. Jos äiti olisi kotona se nukkuisi poikien kanssa samassa pesässä ja lämmittäisi niitä. Peitin poikaset villahuivilla, hyvää yötä.

Oli kulunut kuusi päivää, Mukelon kanssa yhteistyössä ruokimme ja lämmitimme poikasia. Se oli raskasta aikaa Mukelolle, yleensä molemmat vanhemmat ruokkivat ja hoitavat lapsia. Mukelo selvisi siitä hyvin ja poikaset kasvoivat. Tulin töistä ja tietysti heti lakkaan katsomaan mitä sinne kuuluu. Kun lähestyin lakkaa kuulin jo kauempaa, että joku tepasteli sputnikin tasanteella ja pyrki sisälle. Ihanaa, se oli kantaäiti touhukkaana. Aukaisin sputnikin luukun, se livahti heti sisään ja suoraan pesään katsomaan poikasia. Nostin Mukelon pesästä Lempilapsen äitinsä pesään. Poikaset olivat kai juuri syöneet, koska äiti välttyi suuremmalta ruuan vaatimiselta. Äiti tuuppi poikasta nokallaan ja heitteli ulostenokareita pesästä pois, se oli kuin kuka tahansa äiti, joka on ollut muutaman päivän pois kotoa. Nyt lakassa asui Mukelo, leski-isä ottopoikansa kanssa ja leskiäiti poikansa kanssa. Ne asuivat omissa pesissään ja hoitivat lapsensa yksin. Yritin yhdistää perhettä nostamalla poikaset samaan pesään. Kantaäiti ei hyväksynyt Ottopoikaa, se nokki pientä ja yritti häätää pois pesästä. Mukelo oli suvaitsevaisempi, se oli niin kuin ei olisi huomannutkaan, vaikka nostin Lempilapsen sen pesään. Istuin lakassa ja seurasin tilannetta. Kun Lempilapsi alkoi piipittää nälkäänsä, kantaäiti meni luontevasti ruokkimaan sitä ja ruokaa sai myös Ottopoika.

Seuraavana aamuna kun menimme Lillin kanssa tuttua polkua pitkin lakkaan, Mukelo ja kantaäiti istuivat ikkunalaudalla kyhnyttelemässä toisiaan. Pysähdyin katsomaan kyyhkyläisiä, Mukelo silitteli nokallaan kantaäidin päätä ja ne hieroivat kylkiään yhteen, se oli kosiskelua. Menin lakkaan ja jäin seuraamaan pariskuntaa. Ne ruokkivat lapsia, söivät ja joivat ja elivät luontevasti uusperheenä, sitä oli mukava katsella. Pariskunnan yhteiselossa näkyi paljon kiintymystä, ei se ollut pelkästään järkevyyteen perustuva liitto. Kantaäiti sai nimekseen Mude. Muut lennolle lähteneet kyyhkyset eivät palanneet koskaan.

Sinä keväänä aloitimme savusaunan pärekaton tekemisen. Omalta tontilta kaadetuista haavoista höylättiin päreitä, ja niistä teimme pärekaton mieheni kanssa kahdestaan. Saimme taas isän kylään opettamaan pärekaton tekemisen periaatteet. Rakensimme myös puutarhaa, istutimme omena- ja päärynäpuita sekä marjapensaita. Kesälomamatkalta tuomani tammenterho kukkapurkissa oli alkanut nopean kasvunsa ja istutimme sen pihalle. Nostimme myös keskelle puistoaluetta korkean humalasalon, minkä latvaan humala kiipesi jo kesäkuun aikana. Pikkuhiljaa hoidettu piha-alue laajeni ja ajettavaa nurmikkoa alkoi olla liian paljon. Nurmikon hoitoon ilmaantui sattumalta ihastuttava ratkaisu. Paikkakunnalla asui lampaiden ja kilien kasvattaja, hän halusi tehdä tilaa navettaansa ja lupasi meille Heta-äidin ja puolen vuoden ikäisen Henrik-pojan kesähoitoon ja nurmikkoa hoitamaan.

Henrik

Teimme kileille samaan ulkorakennukseen missä kyyhkysetkin olivat, oman karsinansa. Siinä päädyssä ulkorakennuksessa ei ollut ovia. Mieheni rakensi oviaukkoon kauniin aidan ja portin ja kilit pääsivät uuteen kotiinsa. Ne eivät olleet tyytyväisiä, ne ravistelivat porttia ja mäkättivät tauotta. Kun menimme hetkeksi sisälle, näimme ikkunasta, että kilit kitkivät kukkivaa mansikkamaata surutta, ei niitä nurmikko kiinnostanut. Ne olivat uskomattoman taitavia avaamaan ja rikkomaan portteja ja aitauksia. Usein, kun tulimme kotiin, ne odottivat rappusilla. Jos ovi ulos oli auki, ne tulivat keittiöön saakka hakemaan seuraa. Teimme niille metsänreunaan ulkoaitauksen verkosta, jonka reiän koko oli 20cm x 20cm. Seuraavana päivänä seurasimme ikkunasta, miten Heta keinotteli itsensä verkon reiästä ulos. Se ei ollut helppoa, mutta onnistui lopulta. Henrik jäi metelöimään aitaukseen.

Kun teimme pihatöitä, saivat kilit olla vapaana kanssamme. Ne olivat seurankipeitä ja pysyttelivät lähistöllä. Henrik oli vilkas ja leikkisä lapsi, Lilli varoi menemästä liian lähelle, koska Henrik ajoi mielellään Lilliä takaa. Henrik oppi nopeasti, miten sai työmme pihalla keskeytettyä. Se hiipi lähelle, otti muutaman juoksuaskeleen ja puski takapuoleen. Se onnistui muutaman kerran kaatamaan minut. Henrik pyysi kuitenkin anteeksi käytöstään, se nosti etujalat olkapäille ja halasi hellästi poski poskea vasten.

Kilit olivat veikeitä kavereita, mutta jouduimme luopumaan niistä jo kuukauden kuluttua. Emme onnistuneet tekemään sellaista aitausta, missä Heta-rouva olisi pysynyt. Se söi hedelmäpuut, mansikat ja kaikki mitä kasvimaalle yritti nousta. Palautimme ne takaisin vanhaan kotiinsa, koska älyllisesti ne ylittivät meidät kirkkaasti. Muutto takaisin navettaan keskellä kesää oli kilejä kohtaan epäreilua, meille se oli kuitenkin ainoa ratkaisu.

Vaikka yritin saada kyyhkyslakkaan väriä, koko perhe oli edelleen samanvärisiä, tasaisesti sinisiä. Oli harmi, että ainoa punainen lintuni, Kaunis Poika, katosi lennolla. Selvittelin myytäviä lintuja ja lopulta kävimme hakemassa lakkaamme Helmin. Helmi oli vaalea, kookas kyyhky, sillä oli vaikuttavat "paperit", ja se oli arvonsa tunteva rouva. Muistan Helmin omistajan kertoneen, että Helmi oli joskus kilpailussa lentänyt 400 km kotiin, se oli myös taitava suunnistaja. Se tuntui kotiutuvan hyvin lakkaan, otti kursailematta itselleen uniorren, ja katseli sieltä uutta perhettään arvioivasti. Missään vaiheessa ei tullut sellaista oloa, että se tuntisi itsensä ulkopuoliseksi tai yksinäiseksi. Muut kyyhkyt hyväksyivät sen mutkattomasti, ne eivät juurikaan kiinnittäneet Helmiin huomiota.

Se, että lakassa oli nyt vaalea lintu, ei vielä taannut vaaleita poikasia. Eristin Muden lapsineen, ja yritin parittaa Mukelon ja Helmin. Mukelon mielestä se oli huono idea. Se hakkasi Helmiä nokallaan ja siivillään, ajoi ulkotarhaan, eikä päästänyt sisään eikä syömään. Lisäksi se joka välissä karkasi Muden kanssa kuhertelemaan. Oli ensimmäisenä päivänä selvää, että se parittaminen ei onnistu. Silloin en vielä tiennyt, että kyyhkyset eivät riko parisuhdettaan, jos molemmat ovat elossa. Kun päästin Muden ja Mukelon taas yhteen, ne näyttivät minulle selvästi, kuinka tärkeitä ne olivat toisilleen.

Voi sitä toistensa ympärillä pyörimistä, silittelyä ja pussailua. Vähemmästäkin olisin ymmärtänyt, että paritusta en enää harrasta.

Vajaan kahden kuukauden kuluttua pariskunnalle syntyi kaksi uutta poikasta, niiden ensimmäiset yhteiset poikaset. Mude oli esimerkillinen äiti ja antoi Mukelolle hyvää opetusta ja ohjausta isän tehtävistä. Se joutui vähän hätistelemään Mukeloa pesään, kun oli isän haudontavuoro. Poikaset syntyivät toukokuun lopulla, kesän kauneimpaan aikaan. Poikaset olivat niin pieniä, että normaalina kuudentena päivänä rengastus ei onnistunut, rengas valahti heti pois. Täytyi odottaa parin päivän kasvu lisää ennen rengastusta. Lapset saivat nimekseen Tuomi ja Kirsikka. Kukkivat tuomet reunustivat pellonlaitaa ja kyyhkysten ulkohäkkiä. Niiden kauneus ja tuoksu lähes huumasivat pihapiirissä liikkujan. Helmi istuskeli paljon ulkohäkissä katsellen kaihoisasti pellolle, aiheuttikohan kevään tuoksut ja äänet sille kotiikävää? Isot poikaset, Lempilapsi ja Ottopoika olivat jo teinejä. Ikää oli seitsemän viikkoa, ja ne osasivat jo lennellä pihalla ympyrää ja mennä omatoimisesti takaisin lakkaan.

Oli pikku poikasten syntymäpäivä. Otto ja Lempi istuivat saunan katolla, kun lähdimme käymään kaupassa. Seuraavan kerran lakkaan mennessäni huomasin, että Ottopoika ei ollut kotona ja lakassa oli hiljaista. Jostakin syystä muut linnut aina tiesivät, jos jotain pahaa oli tapahtunut kaverille. Kävelin pihalla ja löysin omenapuun alta verisiä höyheniä, siitä Otto oli napattu, voi pientä ressua. Mikä se on voinut olla? Lilja-kissa oli sisällä eikä pieni Lilli-koira häirinnyt lintuja. Jostain syystä iltahämärässä Lillin kanssa haimme Ottoa isosta puuvajasta. Kuljin taskulampun kanssa ja huutelin Ottoa nimeltä. Lilli kulki mukana ja nuuski paikat jälkeeni. Lilliä kiinnosti yksi puukasa ja se jäi jälkeeni kaivelemaan sitä. Ihmeellistä, mutta sieltä raahusti vaivalloisesti Otto näkyviin. Se oli surullinen näky, Otto haki selvästi minulta apua. Nostin sen käsiini, mahan alla oli iso haava ja molemmat siivet oli runneltu. Se tärisi käsissäni, oli varmasti kipuja. Menin sen kanssa sisälle ja laskin pyyhkeen päälle lepäämään. Tein pahvilaatikosta sairaalahäkin, pehmustin sen ja niin Otto pääsi sairaalaan lepäämään. Puhdistin vatsan haavan, se ei onneksi ollut niin paha miltä ensin näytti. Siivet olivat ehjät, sulat vain olivat sekaisin ja osa taittunut. Selvittelin siipisulat ja kokosin ne Oton vartaloa vasten. Se selvästi rauhoittui ja näytti nukahtavan, tuin sen vartaloa pyyhkeen kulmalla. Vein sairaalahäkin lakkaan, että se kuulee tuttuja ääniä ja näkee perheensä. Pidin Ottoa sairaalahäkissä seuraavan yön ja päivän, että haava pysyy puhtaampana. Se ei suostunut edes juomaan, juotin sitä pipetillä vastoin sen tahtoa. Toisen päivän iltana nostin sen unipuulleen nukkumaan, tiesin, että se ei lähde yöllä liikkeelle. Kun menin aamulla lakkaan, Otto oli tullut alas unipuultaan ja istui ikkunalaudalla. Se toipui yllättävän nopeasti, jo kolmantena päivänä se meni ulkohäkkiin ja kokeili siellä lentämistä, hyvin onnistui. Saman tien alkoivat myös ruoka ja juoma maistua. Hyvä poika.

Alkukesä oli lämmin ja aurinkoinen. Tuntui, että kaikki puut, pensaat ja kukkaset kukkivat yhtaikaa. Ne houkuttelivat pihalle perhosia ja kaikenlaisia pörriäisiä, ne voivat hyvin, koska ruokaa oli runsaasti tarjolla. Istuimme iltapäivällä mielipaikallamme pihakeinussa. Taivaalta alkoi kuulua surinaa ja pörinää, katselimme taivaalle ja odotimme näkevämme helikopterin. Ääni lähestyi ja voimistui, talon harjan takaa tuli näkyviin noin tyynyn kokoinen, tumma, liikkuva möhkäle. Muodostelma lähestyi haapaa ja näytti siltä, että se tömähti haavan runkoa vasten, suoraan liito-oravien pesäkolon päälle. Emme voineet muuta kuin seurata mitä tapahtuu. Möykky alkoi pienentyä ja ymmärsimme, että möykky on muodostunut mehiläisistä. Pikkuhiljaa muodostelma pieneni ja pieneni ja lopulta viimeinenkin mehiläinen oli kadonnut liito-oravien pesään. Emme ehtineet edes miettiä oravien kohtaloa, kun pesästä lähti kaksi liito-oravaa poikanen suussaan. Ne liisivät pihakuuseen ja sitä kautta talon takaiseen metsään. Juoksimme katsomaan, mihin ne laskevat poikaset. Ne pysähtyivät talon takana olevaan kuuseen, missä ne usein iltaisin kirmailivat ja minkä alla oli ulostepapanoita. Toivottavasti siellä oli vanha pesäpaikka, mihin ne nyt veivät poikaset turvaan. Mitään liikettä kuusessa ei sen jälkeen näkynyt.

Palasimme pihakeinuun seuraamaan oravien pesäpuuta ja sen koloon kadonneita mehiläisiä. Oli kulunut lähes kaksi tuntia siitä, kun mehiläiset valtasivat oravien pesäkolon. Äkkiä Lilli ilmoitti, että suuressa pihakuusessa on liito-orava. Näinkin sen heti, se hoippui lähellä kuusen latvaa, selvästi sillä oli vaikeuksia pysytellä puussa. Siinä katsellessani se putosi oksien läpi maahan. Juoksin katsomaan, se oli vielä elossa, mutta kuoli hetken kuluttua kämmenelleni. Se oli aikuinen, suurikokoinen liito-orava. Mitään ulkoisia merkkejä siinä ei ollut, ilmeisesti se kuoli ampiaisenpistoihin.

Kävin usein katsomassa sitä puuta mihin liito-oravat veivät poikasensa. Oli taas kulunut pari tuntia, kun menimme Lillin kanssa puun alle. Sanoin Lillille, että etsi liito-orava, yleensä Lilli tähyili puihin, mutta nyt se kiinnostuneena nuuhki puun alustaa. Varpujen joukosta löytyikin kuollut liito-orava, se oli ilmeisesti juuri kuollut, koska oli vielä lämmin ja notkea. Tutkin sitä ja huomasin, että se oli selvästi imettävä äiti. Ilmeisesti sekin oli kuollut ampiaisen pistoihin. Nyt poikaset olivat ilman äitiä ja ilman ruokaa. Katselin kuusen oksistoon, toivoin näkeväni poikaset siellä. Mitään ei kuitenkaan näkynyt, vaikka tiesin poikasten olevan siellä jossakin. Päätin soittaa Korkeasaareen kysyäkseni, voisinko tehdä jotain poikasten hyväksi. Kertomustani kuunneltiin kiinnostuneena, mutta poikasten hyväksi ei ollut mitään tehtävissä, eihän ollut edes tiedossa onko puussa pesäkolo vai ovatko poikaset vain oksalla. Henkilö kenen kanssa puhuin, arveli, että jos poikasilla ei ole turvallista pesää nekin ovat kohta puun alla. Lähdimme Lillin kanssa heti takaisin puun alle katsomaan. Ihmeellistä, siellä todella oli kaksi pientä poikasta varpujen joukossa. Kosketin niitä ja totesin heti, että ne ovat kuolleita. Poikaset olivat ehkä tulitikkulaatikon kokoisia, vaalean harmaita, pehmoisia palleroita, täydellisiä, todella söpöjä pienen pieniä liito-oravia. Niitä ihmetellessäni jalkoihini tupsahti kaksi poikasta lisää. Nostin ne maasta, ne olivat liikkumattomia ja velttoja, mutta hengittivät. Kokosin poikaset puseroni helmaan ja juoksin sisälle, ensimmäiseksi halusin saada ne lämpimään. Kiedoin elävät poikaset villahuiviin ja mietin samalla mihin alan soitella saadakseni apua. En ehtinyt kuitenkaan soittaa mihinkään, kun totesin poikaset kuolleiksi.

Koko liito-orava perhe kuoli, ilmeisesti vanhemmat ampiaisen pistoihin ja pienet poikaset hoidon puutteeseen. Sama näytelmä ampiaisten kanssa toistui kahtena seuraavanakin kesänä. Muina kesinä emme kuitenkaan nähneet liito-oravien siitä kärsivän, niillä ei ilmeisesti ollut silloin poikasia. Ampiaiset taisivat olla jostain tarhasta karanneita yhdyskuntia, emme kuitenkaan koskaan saaneet tietää mistä, koska tiedossamme ei ollut missään lähistöllä olevaa mehiläistarhuria.

Lakassa oli nyt seitsemän lintua, Mude, Mukelo, Helmi, Otto, Lempi, Tuomi ja Kirsikka. Kaikki olivat yleisintä väritystä eli eri sävyisiä sinisiä. Edelleen haaveilin vaaleista ja ns. punaisista kyyhkysistä. Taas sain apua kyyhkyoppaaltani Kallelta. Kesäkuun alussa, silloin kun pesintä on kiihkeimmillään, kävin hakemassa häneltä punaisen kukon Helmi-rouvalle kaveriksi, se sai nimekseen Kalle. Kalle kotiutui heti lakkaan, liekö ollut vaikutusta sillä, että Mude ja

Mukelo olivat tuttuja eli samassa lakassa kasvaneita. Laitoin Kallen ja Helmin muilta eristettyyn tilaan nähdäkseni kiinnostuvatko ne toisistaan. Kalle oli komea poika, se aloitti heti kosinnan, se pyöri ympyrää pyrstö maassa ja piti pientä kurnutusta. Aluksi Helmi leikki vaikeasti saatavaa, mutta heltyi nopeasti.

Kihlautuminen

Jo saman päivän iltana ne kihlautuivat. Helmi työnsi nokkansa Kallen nokkaan sisälle, ikään kuin antaisi jotain Kallelle. Se on yleensä varma merkki pariutumisesta, pariskunta on syntynyt. Olipa hauska katsella niiden uutta lempeä ja tutustumista toisiinsa. Seuraavana päivänä näin niiden parittelevan ulkohäkin ikkunalaudalla. Nopea, kaunis, odotettu tapahtuma, kohta voidaan saada vaaleita tai punaruskeita poikasia. Parittelun jälkeen Kalle valitsi yhden pesimäloosin ja alkoi rakentaa pesää. Vein ulkohäkin lattialle heinää ja risuja rakennustarpeiksi. Kalle näki paljon vaivaa pesän rakentamisessa. Se oli rakastunut ja touhukas, luulen että muut lakan asukit hymyilivät lempeän hyväntahtoisesti sen innostukselle. Kun pesä oli sellainen, kun Kalle halusi, se alkoi hätyytellä Helmiä pesään näyttääkseen sille mihin munat voi tehdä.

Seuraavana päivänä lakkaa siivotessani, Kalle livahti ovesta ulos ja katosi. Soitin parin tunnin päästä Kallen vanhaan kotiin ja sain kuulla, että siellä se istui tutulla orrellaan. Kävin hakemassa sen takaisin. Oli myöhäistä katua ja karata takaisin vanhaan kotiinsa, koska perheen perustaminen oli jo alkanut. Kalle ei ollut enää mikään nuorukainen, mahtoiko sille tulla väsymys ja sen mukana katumus? Perheenpäänä oleminen ei ole aina ihan helppoa, varsinkaan, jos asuu yhteisössä, jossa joutuu olemaan koko ajan valppaana puolustamaan omaa perhettään.

Kolme viikkoa Muden ja Mukelon poikasten, Tuomen ja Kirsikan syntymästä, ne aloittivat kolmannen poikueen laittamisen. Pesään ilmestyi kaksi kaunista munaa. Tuomi ja Kirsikka olivat jo syntymästään pieniä, nyt ne kyyristelivät nurkissa eivätkä osanneet pitää huolta itsestään. Tuomi-poika nälkiintyi, se seisoi paikallaan velton oloisena. Taas tuli sairaalahäkille käyttöä. Se sai sinne omat ruoka- ja juomakupit ja pienempiä siemeniä kuin aikuiset linnut. Se toipui nopeasti, mutta oli kehityksessä Kirsikkaa jäljessä. Sillä oli vielä kuuden viikon ikäisenä teinitöyhdöt päässä. Jostain syystä muut linnut vierastivat sitä, siitä tuli lakkakiusattu ja erityishuolenpito jatkui.

Kaksi päivää Muden jälkeen Helmi teki kaksi kaunista munaa. Taas haudottiin kahdessa pesässä tunnollisesti. Kalle ja Helmi olivat ilmeisen vanhoja konkareita ja Mudella ja Mukelollakin oli jo harjoitusta takanaan, minua ei enää tarvittu haudontapoliisina. Otto ja Lempi olivat reippaita poikia ja tekivät pitkiäkin lentoja päivittäin.

Heinäkuun 1.pv syntyi Mukelon ja Muden poikaset, ne saivat nimekseen Heinä ja Pouta, poutaisen heinäkuun päivän mukaan. Kaksi päivää myöhemmin syntyivät Helmin ja Kallen poikaset, Muru ja Miina. Lakan asukit eivät päässeet lisääntymään. Otto ja Lempi katosivat aamulennolla. Lempi palasi kotiin seuraavana päivänä, mutta Otto ei palannut koskaan. Voi pientä sijaislasta, elämä alusta saakka vähän mutkikasta. Lempi oli tullessaan väsynyt ja vihainen, se otti ison poikasen roolin ja ärhenteli muille. Se tuntui tietävän, että Otto-veli ei palaa kotiin. Suru voi purkautua niin monella tavalla.

Lakassa oli heinäkuun alussa 11 lintua. Mude ja Mukelo ja niiden lapset Lempi, Tuomi, Kirsikka, Heinä ja Pouta, sekä Helmi ja Kalle ja niiden lapset Muru ja Miina.

Oli heinäkuun kaunis ja lämmin aamu, mitä parhain lentoilma. Muden ja Mukelon oli aika tehdä vähän pidempi lentomatka. Molemmat olivat taitavia lentäjiä ja suunnistajia, ja kotona odotti kotiin paluun motiivit, reilun viikon ikäiset poikaset, Heinä ja Pouta. Pariskunta pakattiin kuljetuslaatikkoon, ne asettuivat sinne hyvin, koska olivat jo oppineet, että kohta pääsee lentomatkalle. Mieheni oli lähdössä asioille ja sovimme, että hän päästää pariskunnan lentoon noin 40 kilometrin päästä kotoa. Jäin kotiin odottamaan, en vaan millään opi olemaan jännittämättä niiden puolesta. Puuhastelin pihalla ja seurasin sputnikin tasannetta. Kävin lakassa ja huomasin, että poikaset alkoivat olla nälissään. Oli kulunut jo viisi tuntia, ja pariskunta oli edelleen matkassa.

Normaalisti siihen matkaan kuluu noin tunti. Taas kerran menin lakkaan ajatuksena, että en ole vain huomannut niiden kotiinpaluuta. Lakassa oli hiljaista, ikään kuin kaikki odottivat poissaolijoita. Poikaset olivat levottomia ja nälissään, aikaa oli kulunut lähes seitsemän tuntia. Onneksi minulla oli valmiina voideputkesta tehty ruokintalaite. Pian vain kauravelli kiehumaan ja nälkäisille ruokaa. Annoin poikasten olla pesässä niin että syöminen olisi mahdollisimman luonnonmukaista. Tuin poikasta toisella kädellä ja vein voideputken sen lähelle niin että nokka kosketti aukosta pursuavaa kauravelliä. Nälkä auttoi ymmärtämään mitä yritin sanoa, ja poikanen keskittyi syömään. Kun molemmat olivat saaneet ruokaa, ne hiljenivät nukkumaan. Olin vielä lakassa puuhastelemassa poikasten ruokkimista, kun Mude yllätti ja tupsahti sisään kovalla tohinalla. Ensimmäiseksi se meni pesään tarkistamaan poikasten voinnin. Vaikka ne olivat juuri syöneet, ne roikkuivat emon nokassa ja piipittivät tarmokkaasti, ne tervehtivät äitiään. Mude oli janoinen, se joi hartaasti, söi vähän ja meni lastensa viereen nukkumaan. Sain nyt huokaista helpotuksesta, lapset ovat turvassa. Missä on Mukelo? Mitä tapahtui? Miksi Muden kesti niin kauan tulla kotiin? Mukelo oli lakan johtaja, mitä nyt tapahtuu?

Koska Mukelo oli poissa, Kalle ja Helmi pariskuntana ottivat lakan johtajuuden. Mudella ei ollut turvaa, se oli rankkaa aikaa yksinäiselle äidille. Normaalisti molemmat vanhemmat ruokkivat poikasia, mutta nyt Mude teki sen kiitettävästi yksin. Muuta se ei tehnytkään, se istui lentohäkin orrella surullisena ja vaisuna, se odotti miestään kotiin. Uusi johtajapariskunta olivat armottomia. Mude ei juuri päässyt lakkaan sisälle, se häädettiin julmasti nokkien pois lakasta. Johtajapariskunta oli pakko eristää, että Mude sai ruokarauhan. Muutaman päivän kuluttua Mude lähti lennolle, ja otti mukaansa kaksi kuukautta vanhan edellisen poikueen lapsensa. Äiti ja tytär tekivät päivälenkkejä yhdessä ja näytti, että Mude piristyi. Helmi ja Kalle kukkoilivat johtajina ja lakassa oli taas rauha.

Oli kulunut kahdeksan päivää siitä, kun Mukelo katosi. Oli sateinen aamu, kyyhkyset nauttivat sateesta, mutta eivät lennä silloin pitkiä matkoja. Kun aukaisin sputnikin, suurin osa linnuista lähti ulos. Ne hakeutuivat rännin alle suihkuun räpiköimään ja nautiskelemaan, emot opettivat nuoria lintuja peseytymään ja voimistelemaan suihkun alla, sitä oli ilo katsella. Olin ulkona, kun Mude ja nuori Kirsikka pyrähtivät sputnikista ulos. Ne suuntasivat määrätietoisesti pois pihapiiristä, ja katosivat näkyvistä. Jäin ihmettelemään, koska sade oli jatkuvan tuntuista ja rankkaa, ne eivät yleensä lähde silloin lennolle. Satoi koko päivän. Tarpeeksi kylvettyään kyyhkyt hakeutuivat lakkaan syömään ja lapsiaan ruokkimaan. Mudea ja Kirsikkaa ei näkynyt. Olin huolissani pienestä Kirsikasta, se ei ollut vielä käynyt pidemmillä lennoilla eikä osaisi tulla yksin kotiin, jos eksyisi äidistään. Iltapäivällä Muden ja Mukelon lapset alkoivat olla nälissään ja levottomia. Ne olivat vajaan kolmen viikon ikäisiä ja opettelivat syömään, mutta ilmeisesti eivät saaneet tarpeeksi ravintoa. Kävin usein lakassa tarkistamassa tilannetta ja juttelin orvoille poikasille lohduttavasti. Pohdin jo täydennysaterian antamista levottomille poikasille. Muden ja Kirsikan lähdöstä oli kulunut 9,5 tuntia. Vettä satoi edelleen, olin lakassa, kun sputnikista kuului kovaa räpinää ja kurnutusta. Mude ja Kirsikka syöksyivät sisään vettävaluvina. Helpotus oli suuri, kun pieni Kirsikkakin oli selviytynyt kotiin. Sputnikin tasanteelta kuului edelleen pienten jalkojen tepastelua, ihmeellistä, ihana Mukeloni tupsahti sisäpuolelle hyvinvoivana ja touhukkaana. Se päästi ensin naiset sisälle, piti pienen tauon kuten päätähdelle sopi ennen lavalle tuloa, ja teki sitten näyttävän sisääntulon. Upeaa Mukelo! Poikaset kuulivat vanhempiensa tulon ja alkoivat kovan ruuan kerjäämisen. Vanhemmat tuuppivat niitä pois koska niiden oli ensin syötävä, että on mitä lapsille antaa. Kirsikka meni heti juomaan, se oli ilmiselvästi väsynyt, se ei jaksanut edes syödä heti, vaan meni omalle unipuulleen nukkumaan. Mude söi ja joi ja ruokki nälkäiset lapset hiljaisiksi.

Mukelo ei ehtinyt edes syömään. Helmi ja Kalle istuivat lakan ikkunalla ja vartioivat alaisiaan. Mukelo kävi ilman varoitusta Kallen kimppuun, selvästi se aikoi ottaa johtajuutensa takaisin. Mukelo on aina ollut lemmikkini, ja olin sen puolella. En tosin voinut tehdä muuta kuin katsella näytelmää. Meteli oli kova, kun miehet nokkivat ja tönivät toisiaan. Kalle pakeni lentohäkkiin ja Mukelo perässä. Mude piti huolta lapsista, mutta Helmi meni ulos kannustamaan miestään. Höyhenet pöllysivät ja muut linnut istuivat hiljaa omilla paikoillaan odottamassa lopputulosta. En tiedä mikä nokkaisu lopulta päätti, kuka on johtaja, mutta Mukelo tepasteli ylväänä sisään ja meni perheensä luokse. Kalle ja Helmi tekivät samoin, mutta huomattavasti vähäeleisemmin. Sitten alkoi Muden ja Mukelon jälleennäkemisen riemu. Mude ei saanut pidettyä nokkaansa irti miehestään, se nyppi ja silitteli, pussaili ja kukerteli. Kun sitä katsoi voi hyvin ymmärtää sanontaa, että rakastuneet kuhertavat kuin kyyhkyset. Mukelo on vaan niin ihastuttava herrasmies ja vahva henkinen johtaja. Kalle ja Helmi eivät kantaneet kaunaa, vahvin on johtaja ja se on kaikkien turva.

Jäi ikuiseksi arvoitukseksi, missä Mukelo vietti yli viikon. Mude tuntui sen tietävän. Yli viikon se odotti, että Mukelo tulisi järkiinsä ja palaisi, mutta lopulta sen oli pakko lähteä miestään hakemaan. Se otti riskin ja otti lapsensa esiliinaksi, vaikka ilmeisesti tiesi, että matka on pitkä ja vaikea. Miksi se valitsi hankalasti lennettävän sadepäivän, vai ryhtyikö marttyyriksi? Oli miten oli, se kuitenkin rakastuneena ja tarmokkaana naisena pakotti Mukelon tekemään valinnan. Perheen jatkoelämästä päätellen Mukelo ei joutunut sitä katumaan.

Uljas Mukelo

Sitten tuli elokuun alku. Helmin ja Kallen Miinasta tuli punaruskea, niin kuin toivoinkin. Väritys oli hyvin vaalea, siivissä selvästi erottuvat punaiset raidat, se oli kaunis lintu. Pariskunta hautoi kahta uutta munaa, toivoin. että saisimme lisää väriä lakkaan. lisää väriä lakkaan. Meillä oli myös surua taas kerran, Lempi katosi pihalta. Puuhailimme Lillin kanssa lakan läheisyydessä, Lempi oli polulla nokkimassa kiviä. Mitään ei näkynyt tai kuulunut, se vain katosi silmieni alta. Haimme sitä piha-alueelta ja tähyilin taivaalle, vaikka tiesin että se ei ole lennolla. Lempin katoaminen jäi lopultakin arvoitukseksi, siitä ei löytynyt höyhentäkään. Niin hiljaisesti sen voi viedä vain maassa asuva petoeläin, rotta?

Tuomi-poikasesta oli perheen kesken tullut Töyhtis, sillä oli edelleen vähän epämääräiset töyhtöt päälaellaan. Muuten se reipas, jaksoi lentää pitkiäkin lentoja perheensä kanssa. Kun Tuomi ja Kirsikka olivat reilusti yli kahden kuukauden ikäisiä, veimme Lillin kanssa kävellen ne noin kilometrin päähän kotoa. Päästin ne häkistä tiellä, mikä kulki halki viljapeltojen, taivaalle noustessaan ne näkisivät kotiin. Kirsikka oli ollut jo äitinsä kanssa pitkällä lennolla, ja uskoin, että ne varmasti selviytyisivät matkasta. Ne nousivat innokkaina taivaalle ja katosivat näköpiiristä. Ne lähtivät kotiin päin.

Päätimme Lillin kanssa oikaista kotiin pienen metsäsaarekkeen läpi. Lilli juoksenteli edelläni, kuulin kun se haukahti muutaman kerran ja jäi tutkimaan jotakin maassa olevaa. Juoksin katsomaan, Lilli kiersi varovasti maassa makaavaa karvakasaa. Ihan kuin karvat olisi aseteltu maahan eläimen muotoon, täyte puuttui. Jostain karvattomasta kohdasta pilkisti vähän selkärankaa. Karvat olivat harmaita ja melko pitkiä, päättelin sen olevan supikoira. Tiesin että läheisen ladon alla oli supikoiran pesä, koska se kerran rähisi sieltä, kun Lilli livahti ladon alle. Lilli koki supin nyt vaarattomaksi ja jouduin nostamaan sen syliini, että sain pois paikalta. Kotiin tultuamme totesin, että Kirsikka ja Töyhtis eivät olleet kotona, kummallista, mitä on voinut tapahtua niin lyhyellä matkalla. Ne ovat ilmeisesti pelästyneet jotain ja lentäneet liian kauas, eivätkä osanneet kotiin. Toivottavasti palaisivat myöhemmin.

Istuin pihakeinuun ja soitin isälleni kysyäkseni mitä hänelle tulee mieleen metsästä löytyneestä karvakasasta. Hän sanoi, että koska karvat olivat järjestyksessä paikallaan, eläin on ilmeisesti kuollut luonnollisen kuoleman. Mahdollisesti kuoleman on aiheuttanut kapi, mikä on tarttuva tauti ja johtaa kuolemaan. Isä sanoi, että pese nopeasti Lilli runsaalla vedellä ja pesuaineella, samoin saappaat ja omat vaatteesi. Kapi voi tarttua myös koiraan. Niinpä me Lillin kanssa otimme päiväsuihkun ja laitoimme pesukoneen töihin. Seurasin Lillin vointia tarkasti jonkin aikaa, mutta mitään oireita sille ei onneksi tullut.

Oli kulunut yhdeksän päivää siitä, kun Töyhtis ja Kirsikka katosivat. Oli lämmin elokuun ilta, iltapäivästä saakka oli satanut rankasti, ja ilma oli sateen jälkeen kostea ja utuinen. Lilli juoksi edelläni polulla, se tiesi, että menemme sanomaan kyyhkysille hyvää yötä. Ulkohäkissä oli jo hiljaista, mutta Lilli katseli ulkohäkin katolle ja sai minutkin tarkkaavaiseksi. Siellä istui väsynyt ja märkä matkalainen, tunnistin sen heti ihanaksi Töyhtikseksi. Missä ihmeessä se on voinut olla niin kauan? Miten se on onnistunut välttämään vaarat ja pysynyt hengissä? Hain tikkaat ja kiipesin hakemaan sen, se oli niin väsynyt, ettei jaksanut edes yrittää pakoon. Otin sen käsiini, se oli märkä ja tuntui kylmältä. Lämmitin sitä vähän aikaa rintaani vasten ennen kuin vein lakkaan. Muut linnut olivat jo unipuillaan, joten Töyhtis sai rauhassa juoda ja syödä ja mennä omalle unipuulleen lepäämään. Aamulla huomasin, että taas sillä oli vaikeuksia sopeutua joukkoon. Pienemmät pelkäsivät sitä, mutta kuitenkin tilaisuuden tullen hätyyttelivät ja nokkivat, se tarvitsi edelleen erityishuolenpitoa selvitäkseen lakassa.

Töyhtiksen paluuta edeltävänä päivänä Helmi ja Kalle saivat toiset poikasensa. Ne olivat vahvoja ja äänekkäitä, nimeksi niille tuli Kastehelmi ja Pikku-Kalle. Nimen saivat myös Muden ja Mukelon neljännet poikaset Midi ja Mini. Mini oli nimensä veroisesti tosi pieni, hauras ja käsiteltäessä vetelän oloinen. Se mahtui kämmen kuoppaan ja jalka oli niin pieni, että rengas pysyi siinä vasta kaksi päivää myöhemmin, kun sisaruksellaan. Se pikkuruinen ei jaksanut tarpeeksi pyytää ruokaa eikä pitää puoliaan ruokintatilanteissa. Seurasin tilannetta ja otin Midin hetkeksi pois pesästä, että emo ruokki Minin ensin. Kun laitoin Midin pesään takaisin se vaati tarmokkaasti osansa ja myös sai sen. Kun muutamana päivänä muutaman kerran toimin ruokapoliisina, Mini vahvistui ja oppi pitämään puolensa. Elämän alkumetreillä on henkiinjääminen joskus pienistä asioista kiinni.

Kesä oli mennyt, syyskuun ensimmäinen päivä avautui kirkkaana ja kuulaana. Helmi oli ollut meillä 3,5 kk ja kotiutunut hyvin, sillä oli kuukauden ikäiset poikaset ja mieleinen puoliso. Se oli paljon lentohäkissä, suljin sen aamuisin sinne siksi aikaa, kun päästin muut kyyhkyset lennolle. Sinä aamuna jostain syystä ulkohäkkiin johtava ikkunaluukku jäi sulkematta, Helmi pääsi takaisin lakkaan ja sieltä sputnikkiin. Olin ulkona, kun huomasin, että Helmi tuli ulos sputnikista. Se hämmästeli hetken sputnikin tasanteella upeaa lentoilmaa, nousi siivilleen ja katosi siniselle taivaalle. Se lähti niin määrätietoisesti, että tiesin heti, että se ei tule takaisin. Helmi oli taitava suunnistaja ja sen entiseen kotiin oli matkaa n. 300 km, arvelin että se lähti tapaamaan lapsuuden perhettään. Soitin muutaman tunnin kuluttua Helmin entiselle isännälle, Helmiä ei ollut siellä näkynyt. Hän laittoi juttua kiertämään kyyhkyharrastajien keskuuteen. Parin päivän päästä sain puhelun yksinäisestä linnusta Varsinais-Suomen alueella, se ei ollut meidän Helmimme. Kului muutama päivä, kun tuli uusi puhelu. Helmi oli n 200 km:n päässä, se oli mennyt hevostalliin sisälle ja ilmeisesti kuvitteli jäävänsä sinne asumaan. Liekö asunut joskus hevostilalla ja viihtynyt siellä. Helmi kulkeutui kyyhkyharrastajien mukana lähemmäs, ja saimme lopulta sen kotiin. Olikohan Helmi lähtiessään kertonut, että on muutaman päivän tuulettumassa, koska sen kotiinpaluuta ei kukaan suuremmin huomioinut. Kalle tosin oli tyytyväinen, kun sai lastenhoitoapua.

Kahden perheen kommuunissa asui nyt kaikkiaan 14 lintua. Mude ja Mukelo ja niiden lapset Töyhtis, Kirsikka, Heinä, Pouta, Midi ja Mini. Helmin ja Kallen perheeseen kuului Muru, Miina, Kastehelmi ja Pikkukalle. Kun kävelimme Lillin kanssa aamulla lakkaa kohti syksyistä ilmaa nuuhkien, kuului sputnikista malttamatonta räpistelyä, nuorisolla oli jo kiire aamulennolle. Kun aukaisin luukun, Töyhtis, Kirsikka, Heinä ja Pouta syöksähtivät ulos ja katosivat saman tien peltojen yläpuolelle. Iltapäivällä aloin jo kaivata niitä, niiden pitäisi olla jo kotona, ne eivät kuitenkaan palanneet. Mitä neljälle linnulle on voinut tapahtua? Todennäköisesti ovat pelästyneet jotain ja lentäneet hädissään liian kauas ja eronneet toisistaan, eivätkä osaa enää kotiin. Niin todella oli käynyt, koska pikku neiti Heinä yllätti ja palasi seuraavana aamuna. Pouta yllätti vielä enemmän palaamalla kolmen päivän kuluttua. Myöhemmin löysin puutarhasta linnun jäännökset ja Töyhtiksen renkaan, se pieni oli päässyt kotiin kuolemaan.

Syyskuun puoliväli koitti. Astelin aamulla tuttua polkuani lakkaan. Koin eläväni onnellista aikaa luonnon keskellä mieheni, kyyhkysten, Lilli-koiran, kissojemme Liljan ja Leevin sekä Pablo-kilpikonnan kanssa. Laulelin kävellessäni, normaalisti kyyhkyset tulivat heti lentohäkkiin vastaan odottaen innoissaan lennolle pääsyä. Ulkohäkkiin ei ihmeekseni tullut yhtään lintua. Juoksin loppumatkan, koska osasin jo aavistaa jotain pahaa tapahtuneeksi. Lakan lattialla oli Muru-poikasen jäännökset, muut istuivat hiljaa pesissään, ne olivat nähneet kotinsa lattialla surmatyön ja olivat peloissaan. Pedon on täytynyt olla rotta, mikään muu otus ei ole lakkaan päässyt. Tarkistin lakan joka puolelta, seinän vierestä, lattiasta löytyi reikä minkä jokin peto oli siihen nakertanut. Edelleen ajattelin isoa rottaa, näätä tai minkki olisi tappanut kaikki linnut.

Seuraavaksi yöksi laitoimme lakan lattialle rotanloukun. Suojasimme sen suurella pahvilaatikolla ja laatikon päälle painot niin, että linnut eivät pääse sen lähelle. Ne istuivat orsillaan ja pyörittelivät päitään ihmetellen puuhiamme. Ne vierastivat kaikkea ylimääräistä kodissaan. Seuraavana aamuna satoi, mutta se oli lämmintä, lempeää sadetta. Laitoin saappaat jalkaan ja vielä yöpaidassani juoksin pihan poikki lakkaan katsomaan pyydystämme. Lakassa oli rauhallista, linnut nukkuivat vielä orsillaan ja loukun suojavarustukset olivat onneksi paikoillaan. Kahden tunnin kuluttua lähdimme Lillin kanssa päästämään lintuja aamulennolle. Satoi edelleen, oletin että kaikki linnut ovat ulkohäkissä nautiskelemassa sateesta. Huolestuin jo heti ulos tultuani, koska ulkohäkissä ei taaskaan ollut yhtään lintua. Kun aukaisin oven, näin heti, että loukun suojavarustukset olivat hajalla ja Helmi oli kaulastaan kiinni loukussa, muut istuivat hiljaa orsillaan. Miten se oli mahdollista? Voi Helmi rassukkaa, se oli elossa, mutta makasi liikkumatta. Kun kyykistyin katsomaan ja silittämään sitä, se katseli minua silmät suurina, katsellaan se pyysi apua. Se sai minut liikkeelle, loukku oli niin vahva, etten edes yrittänyt irrottaa Helmiä yksin, että en aiheuta sille lisää kärsimystä. Jalat täristen juoksin hakemaan miestäni apuun. Minä pitelin Helmiä paikallaan ja mieheni sai väännettyä loukun auki. Helmi oli liikkumaton ja veltto, sen pää roikkui holtittomasti toisella sivulla. Olin vähän aikaa täysin neuvoton ja kauhuissani. Miten voisin auttaa Helmiä? Soitin eläinlääkärille ja saimme luvan tulla saman tien vastaanotolle. Laitoin Helmin pyyhkeen sisään niin että sen pää sai tukea ja lähdimme, matkaa oli noin 20 km. Matkalla Helmi oli rauhallisesti sylissäni pyyhekapalossa, se katseli tarkkaavaisesti mitä ympärillä tapahtuu, mutta ei yrittänytkään liikkua. Päivystyksessä ei sillä hetkellä ollut muita potilaita, lääkäri päivysti kotonaan ja oli tullut juuri paikalle. Laskin Helmin pyyhekäärössään tutkimuspöydälle, lääkäri oli hetken yhtä neuvoton kuin minäkin, hän kertoi, että kyyhkysiä hän ei koskaan aikaisemmin ole hoitanut. Lääkäri tutki Helmin tarkasti, jalat, siivet ja pyrstö olivat ehjiä ja kunnossa. Pohdimme tilannetta, oli kaksi vaihtoehtoa, joko lopettaa Helmi tai seurata sen vointia pari päivää. Lopulta päädyimme seurantalinjalle kipulääkkeen turvin. Sekään ei ollut ihan yksinkertainen juttu, lääkäri pohti ääneen, että mitä ja miten paljon. Lopulta Helmi sai rintalihakseen pienen tipan nestemäistä kipulääkettä. Kiedoin sen pyyhkeeseen pään tukemiseksi ja lähdimme kotiin päin. Tunsin matkalla, että Helmi tuntui painavammalta käsissäni, se rentoutui ja painautui pyyhkeeseen, ilmeisesti kipulääke vaikutti ja sille tuli parempi olo.

Nyt vasta osasin itsekin rentoutua. Lääkärin ohjeen mukaan Helmi laitettiin pimeään, rauhalliseen paikkaan lepäämään. Sovimme, että yritän vasta iltapäivällä tiputtaa vettä sen suuhun, ei ollut ihan varmaa pystyykö se nielemään. Kävin usein päivän aikana kurkkaamassa Helmiä, se makasi aina samassa asennossa liikkumatta. Vaihdoin sen asentoa ja yritin tukea päätä sen luonnolliseen asentoon. Se ei reagoinut hoitotoimiin mitenkään, se oli huolestuttavaa. Myöhään iltapäivällä tiputin sormestani vettä sen nokalle. Helmin silmiin tuli eloa ja nokka aukeni hiukan. Tiputin lisää vettä nokkaan, mutta suurimmaksi osaksi se valui pois sieltä, en tiennyt pystyykö se vieläkään nielemään. Jatkoin kuitenkin veden tiputtelua koko illan ajan aina kun vaihdoin sen asentoa. Toivoin, että vettä imeytyi pieniä määriä nokan limakalvoilta niin kuin ihmiselläkin. Illan aikana Helmin voinnissa ei juurikaan tapahtunut muutosta, se reagoi veden tiputteluun silmillään, muuten se makasi liikkumatta. Totesin mielessäni, että se ei selviä yön yli. Sen olisi hyvä olla perheensä seurassa mitä sitten tapahtuukin. Vein sen lakkaan ja nostin Kallen ja poikasten viereen pesään. Kalle tuuppasi Helmiä nokallaan, ikään kuin kysyäkseen miten voit. Ihmeekseni ja suureksi ilokseni Helmi nosti päänsä pystyyn ja ravisti sitä niin kuin olisi herännyt pitkästä pahasta unesta. Pää vähän sivulle taipuneena se nousi seisomaan vähän kankeasti, näytti siltä, että se tunnusteli toimivatko jalat. Seuraavaksi se siirtyi juoma-automaatille ja joi ja joi kauan ja hartaasti, ruoka sille ei vielä maistunut. Helmi meni pesään ja paneutui Pikku-Kallen viereen nukkumaan. Uskomatonta, miten suuri kodin ja perheen merkitys on elämänhalulle ja parantumiselle.

Aamulla kun heräsin, ensimmäinen ajatus oli Helmin vointi. Löysin sen lakasta syömästä, se liikkui vähän kankeasti ja pää oli turvonnut, mutta muuten se toimi normaalisti. Iltapäivällä se jo lenteli ulkohäkissä kuten aikaisemminkin, pään turvotus katosi muutamassa päivässä. Upea, sitkeä Helmi rouva!

Syyskuu oli lopuillaan, ja aamut olivat kosteita ja kylmiä, pellolta puhalsi kylmä tuuli. Helmin onnettomuudesta oli kulunut viikko ja lakassa elettiin taas rauhallista yhteiselämää. Kun menin päästämään lintuja aamulennolle, näin jo kaukaa, että luukku lakasta ulkohäkkiin oli auki vaikka painoin sen illalla kiinni niin kuin joka ilta tein. Oven avatessani pelkäsin taas pahinta, eikä syyttä. Mude oli kuolleena ulkohäkissä, pää syötynä, muuten ehjänä. Lakassa oli paljon irtohöyheniä, siellä oli selvästi käyty jonkinlaista taistelua. Linnut olivat varuillaan ja hämmentyneitä, ne istuivat hiljaa orsillaan ja katselivat ja kuuntelivat kun ääneen ihmettelin tilannetta.

Munat olivat pesässä paljaana, Mukelo ei yrittänytkään mennä niitä hautomaan. Se uskaltautui käväisemään ulkohäkissä hakemassa Mudea, se rassukka oli yksinäinen ja onneton. Tuntui ihmeeltä, että luukku lakasta ulkohäkkiin oli auki, se oli vain kiinni painettava ilman lukitusta, mutta liian painava linnun aukaista. Olikohan Mude paetessaan saanut tönäistyä luukun auki vai veikö peto saaliinsa ulos? Vaikea uskoa, että mikään eläin saisi luukkua vedettyä auki ulkohäkistä päin. Mikä kumma otus lintuja tappaa? Nostin Muden lakan ulkopuolelle ja aukaisin sputnikin luukun. Mukelo teki pienen lenkin ja tuli lakkaan, ikään kuin katsomaan onko Mude tullut kotiin. Otin munat pois pesästä, en halunnut Mukelolle lisää stressiä. Taas oli lakan harmonia häiriintynyt, kestää aina aikansa, että tilanne rauhoittuu.

Helmi rouva lastensa kanssa

Menin vielä myöhään illalla lakkaan katsomaan mitä sinne kuuluu. En ottanut Lilliä mukaan, koska se juoksenteli aina edelläni ja sai mahdolliset tunkeilijat pakenemaan. Hiivin pimeässä kohti lakkaa, lähestyessäni kuulin nopeaa liikettä, pakoääntä, en kuitenkaan nähnyt äänen aiheuttajaa, mutta nyt tiesin, että ääni tuli lakasta sisältä. Aukaisin oven ja sytytin taskulampun, pieni Mini-kuopus oli lattialla raadeltuna. Nostin sen käsieni väliin, se tärisi, mutta oli elossa. Painoin sen rintaani vasten lämpimään ja juoksin sisälle tutkiakseni sen vammat. Sitä oli purtu terävillä hampailla päästä, rinnasta, vatsasta ja jalasta, voi pieni, sitä sattui ja se oli peloissaan. En alkanut puhdistaa haavoja, etten aiheuttaisi sille lisää kärsimystä, olin varma, että se ei selviä. Laitoin Minin laatikkoon ja peitin sen pienellä hernepussilla ajatuksena, että pieni paino rauhoittaisi kipua. Vähitellen se lakkasi tärisemästä, laitoin kannen kiinni koska myös pimeys rauhoittaa lintuja.

Mini sairastaa

Päätimme valvoa yön ja ottaa selville mikä peto lakassa käy. Edelleen arvelimme, että pedon täytyy olla iso rotta, mutta mistä se pääsee lakkaan? Olin pelännyt rottien ilmaantumista, vaikka pidin tiukasti huolta, että ne eivät pääse käsiksi lintujen ruokaan. Laitoimme kaikki linnut yöksi laatikoihin ja laatikot savusaunan eteiseen pedoilta turvaan. Pukeuduimme lämpimästi, mieheni varustautui lisäksi ilmakiväärillä ja minä paksuilla huovilla. Jätimme luukun lakkaan auki ja laitoimme myrskylyhdyn ikkunalaudalle palamaan. Istuimme penkille odottamaan. Syyskuun yö jo pimeä, mutta poikkeuksellisen lämmin tuulisen päivän jälkeen. Yritimme istua ihan hiljaa, hiljaisuudessa aistit herkistyvät ja yö tuntui olevan täynnä tuoksuja ja ääniä. Kanssamme asustava huuhkaja lähti lentoon lähistöltä, olimme jo oppineet tunnistamaan sen hiljaisen läsnäolon ja lentoonlähdön äänet. Viereiseltä sänki pellolta kuului kaurisvauvan ääntelyä. Se oli kuin pienen lapsen itkua, se kutsui äitiään. Ilmeisesti valo pelotti odottamaamme petoa, koska se ei näyttäytynyt. Vaikka yö oli lämmin, silti aamuyöstä tuli kylmä. Vaihdoimme ilmakiväärin viinipulloon ja kääriydyimme huopiin. Loppu yön istuimme jutellen ja nauttien yön äänistä ja tuoksuista unohtaen alkuperäisen tehtävämme. Surullisesta taustastaan huolimatta, se yö on jäänyt muistiin yhtenä parhaista hetkistä siellä kodissamme.

Aamulla vein linnut takaisin lakkaan. Pieni loukkaantunut Mini-poikanen oli edelleen elossa, onneksi se oli rauhallisen oloinen, toivoin että sillä ei olisi kovia kipuja. Juotin sille pipetillä vettä puoliväkisin. Kun tiputin vettä sen nokalle, se reagoi siihen aukomalla suutaan. Raotin nokkaa ja tiputin pari tippaa kerrallaan vettä sen suuhun. Se tuntui jopa auttavan minua avaamalla suutaan, kun huomasi että saa juotavaa. Tuntui että se vähän virkistyi vedestä, koska katseli puuhiani tarkkaavaisesti. Haavoihin en enää koskenut, etten aiheuttaisi sille kipua. Opin Helmin sairastuessa, että kyyhkysten on hyvä sairaanakin olla perheensä ympäröimänä. Otin Minin käsieni väliin, rintaani vasten ja lähdimme Lillin kanssa viemään sitä lakkaan. Kun tulimme ulos, se selvästi reagoi ulkoilmaan, se kurotti kaulaansa ihan kuin olisi katsonut mihin olemme menossa. Laitoin Minin lakan ikkunalaudalle puhtaan laudan palasen päälle, se laskeutui makuulle ja kallistui vähän kyljelleen. Olin jo oppinut kyyhkysoppaaltani, että on vaaran merkki, jos sairas lintu laskeutuu makuulle. Päästin toiset linnut lennolle ja jäin lakkaan istumaan ja seuraamaan Minin vointia. Midi meni sen viereen seisomaan ja katseli pää kallellaan siskoaan. Sitten se alkoi nyppiä sen höyhenistä kuivuneita verikokkareita ja heitteli niitä ympäriinsä. Kun se oli mielestään saanut siskonsa höyhenpuvun siistimmäksi, se otti jyvän nokkaansa ja yritti työntää sitä Minin suuhun. Mini painoi päänsä alas eikä ottanut jyvää. Midi-sisko painautui sen kylkeen kiinni ja jäi siihen lämmittämään ja seuraamaan siskonsa vointia, se selvästi vaistosi vaaratilanteen. Ihmettely ja ihailu eivät näiden otusten kanssa päässyt loppumaan. Ne ihan konkreettisesti hoitavat toisiaan.

Kävin niin usein kuin mahdollista juottamassa Miniä, se makasi ikkunalaudalla samassa paikassa koko aamupäivän, mutta joi halukkaasti, kun tiputin vettä sen suuhun. Midi oli aina lähistöllä seuraamassa tilannetta. Myöhään iltapäivällä laitoin ulkohäkkiin vesikaukalon. Mini katseli sitä ikkunalta, se nousi varovasti seisomaan ja pyrähti ulkohäkin puolelle, se halusi uimaan. Hätistelin muut linnut pois, että se sai rauhassa kylpeä. Se asetteli hitaasti ja rauhallisesti itsensä veteen seisomaan. Kohta se jo levitteli siipiään ja räpiköi vedessä, ilmeisesti vesi teki hyvää haavoille. Seurasimme Midin kanssa sen nautinnollista, parantavaa kylpyhetkeä. Kylvyn jälkeen se nousi orrelle istumaan, se ei kai saanut ravisteltua itseään niin kuin eläimet normaalisti kylvyn jälkeen tekevät, koska siitä tippui veristä vettä maahan.

Siitä hetkestä alkoi Minin parantuminen, se ei tarvinnut enää hoitotoimia. Mini toipui muutamassa päivässä entiselleen siskonsa hellässä hoivassa. Seuraavana aamuna oli suuri rotta loukussa. Nyt oli peto poissa.

Istuimme taas tapamme mukaan aamukahvia juoden ja katsellen metsään. Metsän reunassa oli iso vanha kanto, Leevi-kissamme istui usein kannon päällä tarkkailemassa metsää. Siinä se taas istui ja katseli nyt meitä ikkunan läpi. Äkkiä puiden välistä ilmestyi jokin iso tumma, ensimmäisenä tuli mieleen sateenvarjo. Se tuli kovaa vauhtia takaa päin kohti Leeviä, nyt näkyi selvästi sen vahvat jalat ja jopa kynnet. Se kaarsi lähelle Leeviä ja yritti napata sen kynsiinsä. Leevi tuskin ehti huomata vaaraa, kun jostain hyökkäsi Lilja-kissa pelottomasti puolustamaan kaveriaan. Emme huomanneet Liljaa aikaisemmin, mutta sen loikka jostakin aitan takaa oli pitkä ja upea. Sen huomasi myös iso lintu, se kääntyi ja katosi metsään. Koko tapahtuma kesti vain muutaman sekunnin, mutta oli kuin pelottava näytelmä. Kissat ryntäsivät yhteisestä sopimuksesta ulko-ovelle pyrkimään turvaan. Kun kissat olivat turvassa, ja Lilja saanut kehuja, pysähdyimme pohtimaan mitä oikein oli tapahtunut. Linnun täytyi olla se kanssamme asustava huuhkaja. Tiesimme sen olemassa olosta, mutta emme olleet sitä aikaisemmin nähneet. Se oli isoksi linnuksi todella hiljainen kanssaeläjä. Mahtoiko se napata kyyhkyjä pieniksi välipaloiksi aivan kuin pikkulinnut nappaavat hyönteisiä?

Lokakuun puolivälissä syntyi Helmin ja Kallen kolmannet poikaset. Ne olivat pienen tuntuisia syksyn kylmyyteen. Eivät päässeet linnut kuitenkaan lisääntymään. Samana päivänä haukka vei neiti Heinän pihatieltä, löysimme vain veriset höyhenet ja Heinä oli poissa. Vielä samana päivänä Midi löytyi lakan alta ilman päätä. Urhea, siskoaan hellästi hoivannut Midi-poikanen. Seuraavana päivänä Pikku-Kalle ei palannut lennolta kotiin.

Lokakuun 21 pv oli kuulas, kylmä päivä. Helmin ja Kallen poikaset saivat renkaat ja nimet, niistä tuli Kuula ja Kulta. Kuula tuli kuulaista syyspäivistä ja Kulta sai kultaisen Töyhtiksen vanhan renkaan. Koska poikaset olivat pieniä, emot ottivat renkaat pois monta kertaa ja onnistuivat kadottamaan Kulta poikasen renkaan. Kullasta näki nyt jo, että siitä tulee värityseltään hyvin tumma. Kulta oli välillä vaisu ja vetelän oloinen, se oli niin pieni, että ei osannut pitää puoliaan, kun ruokaa tarjottiin. Otin taas vahvemman Kuulan pois pesästä, kun emo tarjosi ruokaa, Kulta sai syödä rauhassa. Kun laitoin Kuulan taas pesään, se piti niin kovaa meteliä, että emon oli se pakko ruokkia. Luonnossa pienet, heiveröiset kuolevat, luonto korjaa elinkelvottomat pois.

Marraskuun alussa lakassa asui Helmi ja Kalle ja niiden lapset Pouta ja vauvat Kuula ja Kulta sekä uljas Mukelo tyttärensä Minin kanssa. Mukelo oli siinä vaiheessa lakan ainoa kantalintu. Minua harmitti, kun Helmi ei päässyt lennolle muiden mukana. Kun Helmillä oli pienet poikaset ja lakassa rauhallista, päätin kokeilla uudestaan sen päästämistä lakan ulkopuolelle. Se tulikin muiden mukana ulos sputnikista aivan kuin olisi sitä aina tehnyt. Oli niin Helmin tapaista olla tekemättä asiasta suurta numeroa. Se ei kuitenkaan lähtenyt muiden mukaan lennolle, vaan pyöri hetken pihalla, nokki pihalta kiviä ja meni sisälle syöttämään lapsiaan. Jatkossa päästin Helmin lennolle muiden mukana, se kuitenkin pysytteli mielellään pihalla nuorisoa vahtimassa.

Oli sumuinen aamupäivä. Helmi opetti nuoremmille poikasilleen suoliston hoitoa pihapolulla. Ne nokkivat pieniä kiviä maasta, kun sitä katsoi sivusta, se oli selkeästi opetustuokio. Kun Helmi nokkasi kiven, poikaset kävivät katsomassa mitä maassa oli, mitä äiti söi? Idylli kuitenkin rikkoutui äkillisesti, kun Lilja kissa hyökkäsi puuvajasta Helmin kimppuun. Onneksi olin lähellä, sain huutamalla Liljan pelästymään ja päästämään Helmin vapaaksi. Se lensi pelästyneenä kellarin katolle ja jäi sinne istumaan. Kellari oli iso ja siinä oli korkea, jyrkkä tiilikatto. Sitä oli helppo kiivetä ylöspäin, kiipesin haavin kanssa katolle ja sain Helmin haaviin. Istuin nyt onnellisena katon harjalla Helmi sylissäni, rintaa vasten painettuna. Kädet sidottuna en päässyt sieltä alas. Istuin ja odotin, että sain mieheni huutomatkan päähän. Lopulta laskin istuallani, Helmi sylissäni, katon lapetta pitkin mieheni syliin. Helmi oli pelastettu. Siinä ei ollut fyysisiä vammoja ja henkiset vammatkin taisivat jäädä minuun. Helmi ei tehnyt asiasta numeroa, vaan jatkoi elämäänsä entiseen tapaan.

Marraskuun puolivälissä poikaset tekivät jo pieniä lenkkejä pihapiirissä ja osasivat pienellä ohjauksella mennä takaisin kotiin. Hyvä pojat! Ulkoillessa on kuitenkin vaaransa, Pouta katosi salamyhkäisesti sputnikin päältä, sitä ei nähty enää koskaan. Perhe vaan pienenee, jäljellä Helmi ja Kalle lastensa Kuulan ja Kullan kanssa sekä tietysti lemmikkini Mukelo tyttärensä Minin kanssa.

Teinit ulkoilemassa

Mukelo oli tosi yksinäinen ja äreä. Se alkoi vikitellä pikku tyttöään Miniä kumppanikseen. Kerroin touhusta mielipiteeni Mukelolle lakassa puuhatessani. Se kuunteli viehättävällä tavallaan, silmät kirkkaina ja päätään kallistellen. Se jatkoi kosintaansa kuitenkin häiriintymättä. Vanhana konkarina se osasi asiansa. Muutaman päivän kosiskelun jälkeen se sai Minin ymmärtämään mistä on kysymys. Ne kihlautuivat 1.12 ja parittelivat saunan savupiipun päällä. Mukelo aloitti pesänteon ja yritti kaikin keinoin saada pikkuista Miniä munan tekoon pesään. Mini oli kuitenkin ihan liian nuori, eikä ymmärtänyt mitä häneltä odotetaan, Mukelon oli pakko luovuttaa. Kuula ja Kulta käyvät jo lentolenkeillä, fiksuja poikia.

Helmille Ja Kallelle syntyi yksi muna 10.12. Samaan aikaan alkoi kovat pakkaset. Laitoin villasukan niiden pesään ja paljon heiniä ympärille. Helmi tiesi pakkasen vaarat ja kävi pikaisesti syömässä ja juomassa ja takaisin pesään. Normaalisti pariskunta vaihtaa hautojaa lennossa, mutta jostain syystä Kalle ei jaksanut kiinnostua hautomisesta, Helmi hautoi suurimman ajan yksin. Munan piti kuoriutua 26.12, mitään ei tapahtunut. Kun uudenvuoden aattona menin lakkaan, Helmi pyöritteli ja tutki munaa pesässä. Yhdessä päätimme, että lopetetaan hautominen. Otin munan pois pesästä, tuntui että Helmi oli helpottunut. Kun rikoin munan, siellä oli täysin kehittynyt, kuollut poikanen. Sillä oli jo nimikin valmiina, siitä olisi tullut Sylvesteri. Oli kai rassukka paleltunut.

Joulun aikoihin myös Mini katosi pihalta. Mukelo oli todella yksinäinen ja surullinen. Se selvästi kaipasi tytärtään. Se yritti päästä osaksi Helmin ja Kallen perhettä tunkemalla niiden pesään. Kalle teki heti selväksi mikä kuuluu vain hänelle. Se masensi Mukeloa entisestään.

Oli tammikuun kuulas pakkasaamu, vielä hämärää, kun jouduimme uudestaan huuhkajan kanssa tekemisiin. Olimme Lillin kanssa aamulenkillä ennen kyyhkysten hoitoa, kävelimme läheisellä tiellä. Tien toisella puolella oli metsää ja toisella puolella peltoaukeama. Olimme tulossa kotiinpäin, Lilli juoksenteli tapansa mukaan edelläni. Se oli noin 25 metrin päässä minusta, kun näin että jokin suuri lintu tulee pellolta ja lentää suoraan kohti Lilliä. Tunnistin sen heti huuhkajaksi. Lähdin juoksemaan ja huusin juostessani Lillille, että juokse, juokse. Huuhkaja teki kaarroksen Lillin päällä, mutta ei saanut otetta siitä. Lilli pinkaisi juoksuun, mutta huuhkaja ei luovuttanut. Se lensi ylitsemme pellon puolelle ja teki uuden hyökkäyksen kohti Lilliä. Pysähdyin lamaantuneena, kadotin ääneni sekä jalkani. Onneksi Lillikin huomasi vaaran, se lähti juoksuun ja oikaisi ojan yli puutarhaan eksyttäen huuhkajan. Huuhkaja katosi yhtä äänettömästi, kun oli paikalle ilmestynytkin. Lilli istui pihalla odottamassa minua, kun jalat täristen pääsin kotiin.

Olipas kokemus, sen jälkeen taisimme jonkin aikaa molemmat pelästyä taivaalta tulevia ääniä.

Alkutalvi oli hiljaista aikaa lakassa. Helmi teki yhden munan, mutta siitäkään ei tullut poikasta, ei ollut alkanut edes kehittyä. Maaliskuun lopulla Mukelo ja Kuula alkoivat seurustella. Toisen onni on usein toisen harmi, ne alkoivat hyljeksiä Kultaa. Kulta oli ihan hämillään eikä ymmärtänyt pysytellä erossa Kuulasta, vaikka sai aina nokalla koputusta. Kuula oli vajaan puolen vuoden ikäinen, mutta ei oikein ymmärtänyt mitä häneltä odotetaan. Mukelo oli kuitenkin hyvä ja kärsivällinen opettaja, se oli taas virkeä ja viriili ja vahva johtaja. Se sai Kuulan kihlattua ja alkoi touhukkaasti rakentaa pesää. Mukelo kantoi ulkoa risuja lakkaan, se ravisteli ja pyöritteli oksan pätkää tarkasti ennen kuin hyväksyi sen pesäänsä. Olin onnellinen Mukelon onnesta. Sitten tuli taas surua. Linnut olivat aamulennolla, kun haukka hyökkäsi laumaan. Kaikki säntäsivät eri suuntiin pakoon haukkaa. Kalle tuli kotiin kolmen tunnin kuluttua, ja Mukelo ja Kulta 3,5 tunnin kuluttua. Mukelo istui ulkohäkin orrella ja odotti Kuulaa kotiin, se lopetti pesänteon, ihan kuin se olisi tiennyt, että nuori morsian ei palaa kotiin, Kuula ei todella palannut koskaan.

Mukelo oli taas yksin ja se näkyi siitä. Se oli apea ja surkea, se ei yrittänytkään lähestyä muita lintuja, vaan istua nökötti yksikseen ulkohäkin orrella. Helmi ja Kalle hautoivat uusia muniaan ja ulkoilivat vuorotellen. Oli Helmin vuoro käydä tuulettumassa, se istui saunan katolla aistimassa kevättä. Lakan ovi avautui pariovellisen puuvajan puolelle, siivosin lakkaa ja viheltelin siivotessani. Äkkiä Helmi lensi pelästyneenä sisään pariovista ja lensi suoraan päin vajan takaseinää. Se putosi maahan, mutta toipui nopeasti äkkipysäytyksestä ja meni juosten avonaisesta lakan ovesta sisään.

Pelästyikö se jotakin ulkona vai oliko vihellykseni kutsu tai varoitus sille? Ehkä Helmin koordinaatiokyky oli myös heikentynyt rotanloukkuonnettomuudessa.

Kun Kuula katosi, huomasin että Mukelo ja Kulta seurustelevat. Kalle tosin yritti estää seurustelua, se meni häiritsemään kuhertelua ja yritti saada Kulta tyttöstään mukaansa. Olihan Kulta Kallen pieni kuopus, jota piti suojella Mukelolta, joka oli jo ikämies. Ensimmäistä kertaa minulle selvisi, että saman poikueen sisarukset olivat molemmat tyttöjä. Huhtikuun alussa syntyi Helmille ja Kallelle pieni poikanen, toinen munista oli pilaantunut. Poikanen sai nimekseen Ensio. Ensio oli niin pieni, että rengastaminen ei onnistunut alkuunkaan normaalina kuudentena päivänä. Annoin rauhassa kasvaa pari päivää. Olin jo tottunut näkemään poikasen koosta, milloin rengastan. Joskus arvioni petti, muistan että kerran toinen poikasista oli kasvanut niin, että en saanut sitä enää rengastettua normaalina rengastuspäivänä. Ensio oli niin pieni, että se ei olisi selvinnyt, jos sillä olisi ollut vierellä ruuasta kilpaileva sisarus. Vanhempiensa hellässä hoivassa siitä kasvoi kaunis lintu. Se oli lakan ensimmäinen, jolla oli kirjava pää, olin ylpeä siitä.

Kaunis Ensio

Kevät aika oli kiihkeää pesimisaikaa ja poikasia syntyi tiheään. Mukelo ja Kultakin olivat jo niin pitkällä, että saivat munansa ja pieni tuore äiti hautoi uskollisesti muniaan. Vaikka Mukelo niin kiihkeästi halusi perheen ja rakensi pesää, se ei ollut enää kovinkaan kiinnostunut hautomisesta. Mutta eipä tullut poikasiakaan munista, molemmat munat olivat niin sanottuja "suutareita ". Kulta-tyttönen oli äitityyppiä, koska melkein välittömästi se teki pesään uudet munat hoivattavakseen.

Toukokuun alku oli lähes helteinen. Kirsikkapuut kukkivat upeina valkoisina palloina ja saunan seinustalla tulppaanit ja krookukset kilpailivat väreillään. Lakan seinustalla heräili suuri vanha tuomi kukkimaan. Tuntui että kaikki pihan pensaat ja kukat kukkivat yhtä aikaa. Lakassa näkyi myös kevät, pariskunnat puuhailivat ahkerasti lisätäkseen yhteisön asukkaiden lukumäärää. Ensio oli vajaa kuukauden ikäinen, kun Helmi ja Kalle saivat uudet munat. Ensio oli hemmoteltu ainokainen ja sai hautoa vanhempiensa vieressä pesässä. Se istui siellä niin uskollisesti, että olisi ehkä yksinkin saanut munat haudottua. Se joutui kuitenkin luopumaan paikastaan, kun uudet poikaset kuoriutuivat. Eräänä aamuna, kun menin lakkaan, se istui hämmentyneenä ja onnettomana orrella. Tiesin heti, että uusi poikanen on syntynyt ja Ensio on häädetty pesästä. Voi pientä, se oli vielä niin riippuvainen vanhempiensa hoivasta. Onneksi se toukokuu oli todella lämmin, jopa helteinen, Ension ei ainakaan tarvinnut palella. Se kuitenkin reipastui nopeasti ja oppi uusia taitoja muilta linnuilta. Se käyttäytyi jo aikuisten tavoin, kun sen kaksossisarukset saivat nimensä ja renkaansa. Niistä tuli Touko ja Helle, helteisen toukokuun innoittamana.

Mukelo ja Kulta tyttö saivat Kallen häirinnästä huolimatta ensimmäiset poikasensa. Ensimmäiset toisen sukupolven poikaset lakassa. Koin onnistumisen iloa. Kulta tyttönen oli hyvä ja huolehtiva äiti. Mukelokin ruokki poikasia, mutta jotenkin laiskan oloisesti, veiköhän lakan johtajan vastuu Mukelolta liiaksi voimia, koska se ei enää jaksanut olla huolehtiva isä. Luulen että päävastuu lasten hoidosta oli nuorella Kulta tyttösellä, se selviytyi siitä hienosti. Lämmin toukokuun ilma keskeytyi rankkaan sadepäivään, minkä jälkeen pellon päälle laskeutui paksu sumupilvi. Sumuinen päivä oli uusien poikasten rengastus ja nimenantopäivä, ne saivat nimekseen Sumu ja Usva.

Kesäkuun alussa lakassa asui Helmi ja Kalle sekä lapset Ensio, Touko ja Helle sekä Mukelo ja Kulta sekä lapset Sumu ja Usva. Helmi hautoi uusia munia. Touko ja Helle saivat olla pesässä auttamassa hautomisessa.

Oli alkukesän rauhallinen ja lämmin ilta. Olimme jo iltapäivällä aloittaneet savusaunan lämmittämisen. Ajatuksena oli, että aloitamme myös uimakauden lammessamme. Astelin ajatuksissani metsän reunassa olevaa polkua lammelle päin, kumarruin polulle katsomaan muurahaisten rakennuspuuhia. Jokin ääni sai minut nostamaan päätäni, minua kohti tuli jokin musta, ilmassa vaappuva, se oli niin iso, että ensimmäisenä mielessä häivähti helikopteri. Se lensi niin alhaalla ja tuli kohti, että pelästyin jääväni sen alle. Kirkaisin ja kyykistyin maahan, kun vähän toivuin, ymmärsin sen olevan lintu. Se otti vaivalloisesti korkeutta ja katosi harvoin, laiskoin siiveniskuin lammen takana olevaan harvaan metsään. Olipa kokemus, olin ihan typertynyt siitä, mikä upea lintu, se näytti kurjelta. Juoksin rantaan, ensimmäisen kerran näin vastarannalla kauriin juomassa. Olikohan lintu säikähtänyt sitä?

Soitin paikalliselle lintuasiantuntijalle. Hän sanoi heti, että se on ollut harmaahaikara. Se on niin hiljainen eläjä, että sitä ei yleensä ihmiset huomaa eikä näe. Se muistuttaa ulkonäöltään kurkea ja ääni on kuin koiran haukuntaa. Nyt selvisi sekin haukkuva ääni, mitä olimme ihmetelleet. Lintuasiantuntija sanoi, että se on ilmeisesti ollut nuori uros, joka hakee omaa reviiriä. Se on tullut katsastamaan lammen ympäristöä. Hän neuvoi laittamaan lammen läheisyyteen, rauhalliseen paikkaan sille unipuun. Haikaran siipien väli on niin iso, että sillä on vaikeuksia lentää metsässä, se hakeutuu mielellään aukean laitaan yöpymään. Jo samana iltana rakensimme kaksi erikorkuista unipuuta lammen taakse, liito-oravametsän laitaan. Olimme aivan innoissamme, uskomatonta, jos saamme harmaahaikaran asumaan kanssamme. Yritimme iltaisin rauhoittaa lammen ympäristön, että se löytäisi unipuunsa, meille se ei kuitenkaan muuttanut. Kesän aikana näimme sen muutaman kerran lentävän ylitsemme, kun puuhailimme pihalla. Se oli löytänyt reviirinsä jostain muualta.

MUUTTO TAKAISIN VANHALLE KOTISEUDULLE

Tapahtui monia ikäviäkin asioita, jotka pakottivat meitä pohtimaan muuttoa takaisin vanhalle kotiseudullemme. Osoittautui suureksi haasteeksi löytää koti, mihin olisimme valmiita vaihtamaan meille rakkaan kotipaikkamme. Uuden kodin piti olla myös sellainen, mihin voisimme ottaa kyyhkyset mukaan. Meillä oli paljon onnea matkassa, löysimme paikan, missä oli paljon samoja luonnon elementtejä kuin silloisessa kodissamme, ne olivat vain pienemmässä mittakaavassa. Lisäksi saimme toteutettua yhden haaveemme, vanhan villiintyneen puutarhan. Puutarhassamme kasvaa lähes kaikki Suomessa kasvavat jalopuut ja paljon erilaisia vanhojen puutarhojen perennoja sekä hedelmäpuita. Olemme innoissamme niistä. Vanhasta kodista luopuminen ei ollut helppoa, mutta kun päätös oli tehty, aloimme elää kohti tulevaa.

Kaksi viikkoa ennen muuttoa huomasimme, että Pablo konnamme oli kadonnut. Se oli sisällä päivittäisellä kävelyllään, iltapäivällä kun halusimme laittaa sen takaisin akvaarioonsa, sitä ei löytynyt mistään. Ilmeisesti ovi ulos oli jäänyt auki, ja Pablo oli lähtenyt ulkoilemaan. Haimme sitä koko illan, mutta turhaan. Onneksi oli lämmin kesä, jospa se löytyisi seuraavana päivänä. Veimme ilmoituksia kauppojen ilmoitustaululle ja kerroimme naapureille kadonneesta konnastamme. Se oli kerran aikaisemminkin kadonnut, mutta löytyi pihalammesta. Sen liikkeet vedessä oli hitaita, koska vesi oli kylmää, saimme sen helposti haaviin ja turvaan. Toivoimme sen löytyvän ennen muuttoamme.

Muutto toteutui kesäkuun lopulla. Vaikeaksi sen teki tieto siitä, että myös eläimille muutto on stressaava kokemus. Viestikyyhkyt palaavat aina siihen paikkaan, missä ovat syntyneet ja päässeet ensimmäisen kerran ulos. Tähän saakka oli ollut hienoa, että voin päästää kaikki lintuni vapaalennoille, en tarvinnut pitää ketään "vankina" lakassa. Tiesin sen uudessa kodissa olevan välttämätöntä, koska ne todennäköisesti lähtevät takaisin vanhaan kotiinsa, jos pääsevät ulos. Kun muuttomme varmistui, pidin kevään aikana syntyneitä poikasia sisällä. Kun ne pääsevät ensimmäisen kerran ulos uudessa kodissaan, ne oppivat tulemaan sinne takaisin. Niitä oli Ensio, Touko, Helle, Sumu ja Usva.

Uusi kotimme on rinteessä, talon takana alkaa metsä ja etupuolella on pieni peltoaukeama. Talo on päättyvän tien päässä, rauhallisella paikalla, kyyhkyset eivät häiritse naapureita. Keittiön ikkunasta noin 20 metrin päässä on iso leikkimökki, siitä tuli hyvä lakka kyyhkysille. Leikkimökki on niin iso, että voimme eristää verkkoseinällä etuosan huoltotilaksi. Mökissä oli aikaisemmin ollut kanala, joten siinä oli valmiina seinään kiinni rakennettu ruokapussien säilytyslaatikko. Toiselle seinustalle teimme hyllyn siivousvälineille. Lakan perälle laitettiin hyllyille muovilaatikoita kahteen kerrokseen pesälooseiksi. Toiselle seinustalle tuli unipuut ja toisella oli iso ikkuna, jossa oli myös tuuletusikkuna. Se sopi mainiosti ulosmenoaukoksi, joka yöksi suljettiin. Ikkunan taakse tehtiin ulkohäkki ja sputnik tuli nyt kiinni ulkohäkin seinään. Jaoin ulkohäkin kahteen osaan, toisella puolella ulkoili sisällä pidettävät linnut ja toisella puolella vapaalennoille pääsevät sen kevään poikaset.

Saimme tehdä muuttoa rauhassa. Ensimmäisenä muutin minä lintujen sekä kissojemme Leevin ja Liljan kanssa.

Olin toivonut, että Helmin ja Kallen lapset olisivat kuoriutuneet ennen muuttoa, mutta se ei onnistunut. Laitoin perheet omiin laatikoihinsa, ja nostin hautovan Kallen pesäkupissaan laatikoon. Matkalla laatikoissa oli hiiren hiljaista, niin kuin aina, ne hiljentyvät pimeässä. Vein laatikot suoraan lakkaan ja nostelin linnut yksitellen pesimälooseihin. Voi sitä hämmennystä, ne säntäilivät peloissaan sinne tänne ja painautuivat sitten pesäloosien takaseinään kiinni. Helmi ja Kalle unohtivat tietysti hautomisen, ehkä hyvä niin, että isommat poikaset saivat vielä hoitoa ja turvaa vanhemmistaan. Kaikista hermostunein oli Mukelo, jäin istumaan lakkaan, juttelin ja laulelin, toivoin antavani niille turvaa. Vähitellen linnut rauhoittuivat ja alkoivat etsiskellä ruokaa ja juomaa. Kotiutuminen oli alkanut.

Kysyin kissahoitolasta, mitä voisin tehdä helpottaakseni kissojen muuttoa. Hoitajan mielestä kissat viihtyvät siellä, mistä saavat parasta ruokaa. Hän suositteli, että pitäisin kissat sisällä kaksi viikkoa ja antaisin niille herkkuruokia. Petasin yhteen huoneeseen itselleni vuoteen, ja ajattelin että kissat saavat asua siellä muuton ajan. Ensimmäisen yön ne nukkuivat tyynylläni, mahdollisimman lähellä minua, ne hakivat turvaa oudossa ympäristössä.

Mieheni jäi yöksi vanhaan kotiimme Lillin kanssa. Puhuimme aamulla puhelimessa, mieheni kertoi istuvansa rappusilla. Äkkiä hän alkoi ihmetellä ääneen, jokin otus kömpi pihakuusemme alta näkyville. Se oli Pablo konnamme. Se oli likainen ja väsynyt, mutta muuten kunnossa. Se taisi kuulla, kun puhuimme seuraavan päivän muutosta, ja lähti kohti tuttua ääntä. Missä se oli ollut kaksi viikkoa? Mitä se oli syönyt? Onneksi se löytyi silloin, seuraavana päivänä muutimme loput tavaramme uuteen kotiimme.

Lilli vahtii ulkoilevaa Pablo-konnaa

Ajelin yksin muuttoauton edellä vanhaan kotiimme. Viimeistä tieosuutta, mutkaista, pientä tietä ajaessani muistelin niitä monia kertoja, kun palasin töistä kotiin sitä tietä pitkin. Erityisesti tuli mieleen aikaiset aamut, kun ihmiset heräilivät uuteen päivään. Pellot olivat kauniisti utuisia, joku päästi kissan ovesta ulos, toinen haki postia aamutakkisillaan, ja isäntä käveli verkkaisesti yli pihan aloittaakseen päivän työt. Ne muistot saivat minut hilpeälle tuulelle.

Kun kaikki tavarat olivat muuttoautossa, kuljin läpi vanhan talon hyvästelemässä tutuiksi tulleet tyhjät huoneet. Joka huoneeseen liittyi muistoja, jotkut tekivät vähän surullisiksi ja toiset nostivat hymyn huulille. Kävelimme Lillin kanssa myös tontin kiertävän tutun luontopolkumme, pysähtyen liito-orava metsän laitaan. Tunsin haikeutta, mutta myös suurta kiitollisuutta, että saimme olla osana ympäröivää luontoa muutaman vuoden ajan. Lilli kuunteli pesäpuiden alla tuttua rapinaa, sitä ei kuitenkaan kuulunut, metsä oli hiljainen. Kun ajoimme muuttoauton perässä ulos pihalta, en katsonut taakseni, nyt oli aika mennä eteenpäin.

Toisen päivän iltana muuton jälkeen ihmeekseni huomasin, että Mukelo oli kadonnut lakasta. Mistä se on päässyt ulos? Tutkin kaikki paikat, mutta en löytänyt mitään ulosmentävää aukkoa. En huolestunut, koska tiesin, että se on ikävissään lähtenyt vanhaan kotiinsa. Lakasta lähtiessäni huomasin väliseinän lattiatasossa juuri ja juuri ulosmentävän reiän. Ulko-ovessa on vanha kanojen kulkuluukku, sen on täytynyt lähteä siitä ulos. Tiesin, että se on lähtenyt vanhaan kotiinsa. En uskaltanut ajatellakaan, että Mukelo olisi yön yksin avoimessa, jo osin puretussa lakassa. Eihän siinä muu auttanut kuin lähteä illalla myöhään hakemaan Mukelo kotiin. Jo pihaan ajaessa näimme sen istuvan vanhan kotinsa ikkunalaudalla onnellisena. Kun kävelin lakkaa kohti, se katseli minua päätään kallistellen, sen koko olemus kertoi ilosta, kun näimme toisemme. Kun otin sen syliini, se painautui luottavaisesti rintaani vasten. Laskin sen pakettiauton etuikkunalle, siinä se tepasteli edestakaisin ja katseli ulos. Se tuntui nauttivan sadan kilometrin matkasta kotiin. Ihastuttava Mukeloni.

Normaalisti poikasia syntyi touko-kesäkuussa tiheästi. Kodin vaihto häiritsi lakan elämää niin paljon, että. vasta heinäkuun lopulla linnut olivat kotiutuneet niin, että aloittivat pesimisen. Tietysti ensimmäiset poikaset uuteen kotiin tekivät Helmi ja Kalle, vanhat, kokeneet konkarit. Ensimmäiset poikaset saivat nimekseen Kaino ja Vieno, koska ne antoivat odottaa itseään. Pariskunnat ottivat kiinni aikaa, jolloin poikasia ei syntynyt, nyt munia ilmaantui tiheästi. Helmi ja Kalle saivat luumujen ja omenien aikaan myös Luumun ja Omenan. Mukelon ja Kulta tytön syksyn lapset olivat Muisto ja Mainio, Karpalo ja Otso sekä pieni Jaakko poika.

Oli todella kurjaa pitää lakassa vankeina lintuja, jotka olivat tottuneet päivittäisiin vapaalentoihin. Näin selvästi, että ne kaipasivat taivaalle liitelemään. Kevään poikaset kävivät jo vapaa lennoilla päivittäin. Se oli kuitenkin vaarallista. Uudessa kodissa oli suurena riesana haukat. Haukkojen kynsiin katosi paljon pieniä, ulkoiluaan aloittavia poikasia. Syksyn aikana ulkoilevat nuoret linnut keksivät uuden keinon lisätä yhteisön jäseniä, ne toivat lennolta kotiin vieraan linnun. Se oli kesy ja luottavainen, sillä ei ollut rengasta, mutta se oli selvästi tottunut ihmisiin. Laitoin alkuillasta sen ulos ja kehotin menemään nopeasti kotiin, ennen pimeää. Ilmeisesti se osasi sinne mennä, koska sitä ei näkynyt sen jälkeen.

Kesä oli upeaa aikaa uudessa kodissamme. Emme ehtineet haikailla mennyttä, koska puutarhassa oli paljon tutkittavaa ja ihmeteltävää. Surullista oli, että Leevi-kissamme ei tottunut uuteen kotiimme. Kisoja oli haasteellista pitää sisällä, koska ne olivat tottuneet olemaan ulkona vapaana. Ne livahtivat ulos lupaa kysymättä. Leevi-kissa katosi viikon kuluttua muutosta. Viimeisen kerran näin sen istumassa metsän reunassa kannolla, se näytti pohtivalta ja surulliselta. Lilja-kissa asusti metsän reunassa ja vältteli ihmisiä. Näin, että se oli väsynyt ja nälissään. Lähestyin sitä jutellen rauhoittavasti, yllättäin se luovutti ja sain ottaa sen syliini, se oli päättänyt jäädä asumaan kanssamme. Sen jälkeen Liljan kanssa ei ollut ongelmia. Leeviä haimme kauan erilaisin keinoin, mutta sitä ei suruksemme löytynyt koskaan.

Syksyn aikana haukat veivät ulkoilevia poikasia lähes joka päivä. Kaikki edellisestä kodistamme tulleet, vapaalennoilla käyneet poikaset olivat kadonneet. Samoin lähes kaikki syksyn aikana syntyneet poikaset. Se oli surullista ja turhauttavaa.

Marraskuusta helmikuuhun ei syntynyt poikasia. Talvi oli kylmä, helmikuussa oli paukkuvat pakkaset. Siitä huolimatta Helmi ja Kalle yrittivät lisätä parven kokoa. Ihmeekseni ne saivat pidettyä sulana ja haudottua yhden munan. Poikasen syntymän huomasin, kun löysin lakan lattialta munan kuoret. Poikanen jäi rengastamatta, koska en voinut ottaa sitä pois emon lämmöstä edes rengastamisen ajaksi. Ihailin vanhempien viisautta ja saumatonta yhteistyötä, kun ne suojelivat lastaan pakkaselta. Siitä kasvoi kuitenkin yksi kauneimmista kyyhkysistäni. Se oli helmenharmaa ja siivissä selvästi erottuvat tummat raidat, se sai nimekseen Pakkasen Poika.

Näin aikuisten kärsivän vankeudesta, Mukelo kärsi eniten, tai näin sen vaan selvemmin, tunsinhan Mukelon parhaiten. Koska talvella haukkoja ei näkynyt, päätin joulun aikoihin kokeilla pysyvätkö aikuiset, Mukelo, Kulta, Kalle ja Helmi pihapiirissämme. Ne olivat kotiutuneet uuteen lakkaansa, niillä oli mieleiset puolisot ja lapsia, kotiin tulon motiivit olivat olemassa.

Ensimmäisenä päivänä päästin Kullan ja Kallen nuorison mukana ulos. Ne katosivat kuuden linnun ryhmässä taivaalle. Oli kulunut tunti, seisoin pihalla ja odotin. Helpotus oli suunnaton, kun näin Kallen laskeutuvan sputnikin tasanteelle. Tunnun kuluttua palasi nuoriso, mutta Kulta ei ollut niiden mukana.

Illan aikana soitin vanhan kotimme uusille asukkaille, Kultaa ei ollut näkynyt myöskään siellä. Ei auttanut muu kuin odotella.

Seuraavana aamuna päästin kaikki kolme aikuista lennolle, luotin Mukeloon. Helmi jäi pyöriskelemään tapansa mukaan pihalle. Haukkojen pelossa houkuttelin sen jyväkupin avulla takaisin lakkaan. Kesti hermoja raastavan kauan, ennekuin Mukelo ja Kalle palasivat, mutta kun ne tulivat, Kulta oli niiden mukana. Kotiutuminen kävi uskomattoman helposti, vaikka jouduimmekin vielä toisen kerran hakemaan Mukelon vanhasta kotilakastaan takaisin kotiin,

Maaliskuun alussa lakassa asusti Helmi ja Kalle ja kaksi munaa, sekä jo valmis poikanen, pieni, kuukauden ikäinen Pakkasen Poika, sekä Mukelo ja Kulta, heilläkin kaksi munaa ja lapset Muisto ja Mainio kohta 8 kk, sekä Otso, puoli vuotias reipas nuorukainen. Seuraavana päivänä kadoksissa ollut Vieno poikanen käväisi kotona. Se oli yhden yön lakassa ja katosivat sitten yhdessä Kallen kanssa. Niitä ei enää koskaan näkynyt. Helmin kanssa surimme yhdessä. Kalle ei olisi jättänyt kasvavaa perhettään vapaaehtoisesti, uskon, että Kalle joutui haukan kynsiin. Helmi yritti hautoa muniaan yksin, tosin sillä oli apuna pieni Pakkasen Poika, joka uskollisesti istua nökötti äitinsä vieressä. Toisen päivän iltana Helmi väsyi ja siirtyi yläpuolellaan olevaan tyhjään pesään. Pieni Pakkasen Poika ei ymmärtänyt mitä tapahtui, se istui yksinään kylmien munien vieressä, kun menin lakkaan, nostin sen äitinsä viereen lämmittelemään ja vein munat pois pesästä.

Kolme päivää Kallen katoamisen jälkeen Mainio poika alkoi pyöriä Helmin ympärillä. Helmi ei tavoilleen uskollisena tunteillut, vaan päätti tarttua tilaisuuteen, se tarvitsi toimintaa. Mainio alkoi rakentaa pesää varmoilla otteilla, vaikka se oli ensimmäistä kertaa perustamassa perhettä. Se oli jo aikuisen ikäinen ja oli saanut katsella pesän tekoa monta kertaa. Mainio ei ehtinyt lennoille, koska se kantoi pihalta risuja ja lehtiä pesään. Vein myös ulkohäkkiin sille pesäntekotarpeita. Minusta näytti siltä, että Helmiä hymyilytti nuoren sulhasen innokkuus perheen perustamiseen.

Uusperheessä on aina omat haasteensa. Pieni Pakkasen Poika ei saanut nukkua enää äitinsä vieressä. Mainio, uusi isä, ajoi sen pesästä pois todella kovakouraisesti. Pakkasen Poika hakeutui hädissään Otson seuraan, ne molemmat olivat ainoita lapsia. Onneksi Otso otti mielellään isosiskon roolin. Olin oppinut tunnistamaan melko hyvin urokset ja naaraat jo ennen pesimistä muutamista käyttäytymiseroista, uskoin että Otso oli naaras. Koiras on äänekkäämpi, se seisoo ja kävelee ylväämmässä pystyasennossa ja seuraa naarasta omistajan elkein. Nämä piirteet löytyivät myös uuden sulhon Mainion veljestä, Muistosta.

Mainio

Huhtikuun alussa Helmin ja Mainion ensimmäiset munat syntyivät. Mainio luuli, että hänen velvollisuutensa on ohi, kun pesä on valmis, se ei ollut kiinnostunut hautomisesta. Helmi joutui opettamaan Mainiota isän velvollisuuksiin, hellästi se hätisteli Mainion pesään, kun sen haudontavuoro tuli. Pienestä vihjeestä Mainio oppi nopeasti mitä siltä odotetaan, loppu hautomisen ajan se piti huolen omista vuoroistaan.

Poikien kuoriutumisväli oli kaksi päivää, sellaista ei lakassani ollut vielä tapahtunut. Kahdessa päivässä poikanen vahvistuu ja voimistuu yllättävän paljon. Viimeksi syntynyt vaikutti pienen pieneltä vanhemman poikasen rinnalla, se ei jaksanut vaatia tarpeeksi tarmokkaasti ruokaa vahvemman rinnalla. Otin välillä isomman poikasen käsieni väliin siksi aikaa, että pieni sai ruokaa, luotin että se vahvempana pitää puolensa, kun pääsee takaisin pesään. Se ei valitettavasti mennyt ihan niin. Kolmantena päivänä pienen syntymän jälkeen, isompi poikanen löytyi kuolleena pesästä. Olin aikaisemminkin toiminut ruokapoliisina onnistuneesti, mitähän nyt tapahtui? Kun pikkuinen ainokainen sai tarpeeksi ruokaa, se kasvoi kovaa vauhtia ja sai nimekseen Kustu. Emot ottivat sen renkaan pois kaksi kertaa, enkä saanut sitä enää pujotettua nopeasti kasvavaan nilkkaan, se jatkoi elämäänsä ilman rengasta. Mainio oli hyvä isä ainokaiselle lapselleen, ruokki ja suojeli. Pariskunta teki ajallaan uuden sarjan munat, mutta toinen löytyi rikkoutuneena pesästä ja toinen ulkohäkistä. Kummallista, sellaista ei aikaisemmin ollut tapahtunut, en keksinyt syytä tapahtuneelle.

Olin huolissani Mukelosta. Vaikka luulin, että Otso on naaras, se osoittautuikin urokseksi. Kolme nuorta miestä, Muisto, Mainio ja Otso olivat tosi aktiivisia ja ärhäköitä. Ne vaistosivat Mukelon haavoittuvuuden ja olivat kai päättäneet kukistaa sen johtajuuden. Ne härnäsivät Mukeloa, häiritsivät sen ruokailua ja yrittivät vallata sen unipuun. Mukelo oli silminnähden apea ja surullinen. Hoiti kyllä vappuna syntyneitä lapsiaan Vappua ja Simaa, mutta istui usein ikkunalla ja katseli ulos. Sitä oli sydäntäsärkevää katsella, mutta en voinut asialle mitään.

Oli toukokuun alun kaunis päivä, kun tulin töistä. Olimme kotiutuneet hyvin uuteen kotiimme ja sinne oli aina mukava tulla. Käväisin sisällä ja päätin lähteä heti katsomaan miten Mukelo voi. Mies huusi perääni, että odota, hänellä on asiaa. Näin hänen ilmeestään, että asia on jotain ikävää. Hän kertoi löytäneensä aamulla Mukelon ulkohäkistä, nuoret urokset nokkivat maassa makaavaa Mukeloa raivokkaasti. Hän keskeytti tilanteen ja nosti Mukelon sisälle, pesäänsä lepäämään. Juoksin lakkaan, Mukelo makasi pesässään, sen silmät verestivät ja se oli voipuneen oloinen. Juttelin sille rauhoittavasti ja tarjosin vettä, se ei kuitenkaan juonut. Se katseli minua surullisena, sen silmät kertoivat antautumisesta. Se oli luovuttamassa johtajuutensa nuorille uroksille.

Mukelo tuntui toipuvan pahoinpitelystä, se oli kuitenkin vaisu eikä osallistunut perhe-elämään mitenkään. Se istuskeli paljon ulkona orrellaan, teki päivittäiset lentolenkkinsä, mutta mikään muu ei tuntunut sitä kiinnostavan. Olin surullinen sen puolesta. Vappu ja Sima olivat vasta kahden viikon ikäisiä. Kulta äiti oli nuori ja kokematon, yritin tukea sitä parhaani mukaan, kun se yritti yksin ruokkia lapsiaan, Mukelo ei siihen osallistunut. Kulta selvisi siitä hyvin, lapset kasvoivat ja itsenäistyivät normaalissa aikataulussa. Nuoret miehet eivät kuitenkaan saaneet selvitettyä, kuka kolmesta olisi paras johtajaksi, lakassa oli rauhatonta.

Oli kulunut vajaa viikko Mukelon sairastumisesta, kun tulin töistä ja tietysti heti lakkaan katsomaan miten lakan kuopukset voivat. Unohdin lapset, kun näin että Kulta oli ulkohäkissä maassa ja Muisto takoi sitä nokallaan päähän. Muisto oli niin vimmoissaan, että jouduin menemään ihan viereen hätistelemään sitä, että ymmärsi lopettaa. Kulta tyttösen silmät verestivät ja se oli voipuneen ja pelästyneen oloinen. Kuinkahan kauan pahoinpitely oli jatkunut? Eristin hämillisen äidin lepäämään lastensa kanssa. Poikaset vaativat ruokaa, mutta Kulta ei jaksanut ruokkia niitä. Onneksi ne olivat jo niin isoja, että osasivat itsekin syödä ja juoda sen verran että selviytyivät. Kulta toipui pahoinpitelystä, mutta ei enää sen jälkeen ruokkinut poikasiaan, vaikka ne roikkuivat sen kaulan alla vaatimassa ruokaa. Surullista, että perheen molemmat vanhemmat olivat kyvyttömiä huolehtimaan perheestään. Olikohan Mukelon puolison, Kullan pahoinpitely Muiston tapa ärsyttää Mukeloa, joka ei jaksanut puolustaa puolisoaan. Vai oliko se vain vähän kovakouraisempaa kosiskelua, kun Muisto huomasi, että Mukelo on luopunut myös parisuhteestaan.

Pakkasen Poika

Otso oli kiinnostunut pienestä Pakkasen Pojasta, joka oli vasta 4 kk ikäinen. Se oli nimestään huolimatta tyttö. Nuoret olivat molemmat ensikertalaisia ja opiskelivat yhdessä vanhemmuutta. Siihen aikaan olin kokopäivätöissä, minulla ei ollut mahdollisuutta vahtia hautomisen toteutumista kuten aikaisemmin tein. Nuorenparin kaksi ensimmäistä munaa eivät kuoriutuneet, hautominen oli epäsäännöllistä ja huolimatonta, se vaati vielä harjoittelua. Heinäkuun lopulla nuorelle parille kaikesta huolimatta syntyi elävä poikanen, toisessa munassa oli kuollut poikanen. Vastasyntynyt oli reipas ja sai hyvää hoitoa vanhemmiltaan. Se sai nimekseen Pirpana.

Koska haukat olivat suuri vaara en päästänyt lintujani kuukauteen ulos ollenkaan. Ajattelin että jospa haukat menisivät vähän kauemmaksi pihapiiristä. Ne näkivät kuitenkin linnut ulkohäkissä ja istuivat jopa talon katolla odottamassa ruokaa. Oli kaunis elokuun aamu, keräsin marjoja lakan lähistöllä ja seurasin lintuja. Ne istuivat rivissä ulkohäkin orrella ja tuijottivat minua. Viesti meni perille, kyllä niiden täytyy päästä lentämään, se on niiden työtä. Kun aukaisin sputnikin, Mukelo, Kulta ja nuoriso, Vappu, Sima ja Kustu ryntäsivät ulos ja katosivat taivaalle. Huolestuneena odotin niitä koko päivän, kun alkoi hämärtää, tiesin että ne eivät tule yöksi kotiin, koska ne eivät lennä pimeällä. Aamulla töihin lähtiessäni käväisin lakan kautta, näin jo kaukaa, että Vappu ja Kustu tepastelivat ulkohäkin katolla odottaen kotiin pääsyä. Olivatkohan ne olleet siinä koko yön? Kulta ja Sima jäivät kai haukan kynsiin, koska ne eivät palanneet kotiin. Pieni Kuu poikanen oli vasta kahden viikon ikäinen ja olisi tarvinnut äitiään. Onneksi Mukelo ryhdistäytyi, ja otti velvollisuutensa yksinhuoltajana vakavasti, se piti huolta poikasen ruokkimisesta niin että minun ei tarvinnut siihen puuttua.

Puolison, Kulta-tytön katoaminen oli Mukelolle kuitenkin kova isku. Kun Kuu poikanen ei enää tarvinnut hoivaa, Mukelo näytti syrjäytyvän kyyhkyyhteisöstään. Se ei solminut enää uutta parisuhdetta. Sen elämänhalu katosi kokonaan. Kun juttelin sille, se kuunteli, mutta sen tyypilliset, nopeat päänliikkeet olivat hidastuneet ja silmissä asui suru.

Elokuun lopulla lakassa asusti kolme perhettä. Helmi ja Mainio Kustu poikansa kanssa. Otso ja Pakkasen Poika lastensa Pirpanan ja Lilliputin kanssa sekä Mukelo pienen poikansa Kuun kanssa sekä Vappu ja Muisto, molemmat Kultatytön ja Mukelon jälkeläisiä, yhteensä 11 lintua. Päästin kaikki kykenevät vapaalennolle. Pakkasen Poikakin jätti yhdeksän päivän ikäisen Lilliputti vauvansa pesään ja lähti itse tuulettumaan. Liikuskelin pihalla ja pidin lakan ympäristöä silmällä haukkojen varalta, Lilli piti minulle seuraa, yhtään lintua ei ollut näköpiirissä. Katselin kun Lilli pyöri kiinnostuneena omenapuun alla ja alkoi lopulta haukkua saadakseen huomioni. Menin lähemmäksi katsomaan, vaivoin löysin nokkosten joukosta Pakkasen Pojan. Se raukka oli loukkaantunut ja peloissaan, se vapisi käsieni välissä. Selässä, siipien välissä oli suuri haava, selvästi haukan kynnen repäisy. Muita vammoja en siitä löytänyt. Taas minulle tuli se neuvoton olo, tiesin, että sillä on kipuja, hoidanko ja miten? Se olisi varmuudella kuollut, jos en olisi sitä löytänyt. Täytyihän minun yrittää sitä auttaa, olin myös jo oppinut, että kyyhkyset ovat sitkeitä otuksia.

Puhdistin Pakkasen Pojan haavan. Se oli keskellä selkää, siipien välissä, haava oli siisti reunainen, ihan kuin olisi veitsellä viilletty. Liikuttelu ja haavan puhdistaminen sattui, oli hyvä merkki, että Pakkasen Pojalla oli voimia yrittää pyristellä pois otteestani. Laitoin sen Lilliputti lapsensa viereen lepäämään, toivoin, että se saa perheestään turvaa. Otso oli huolestunut, se kävi välillä hellästi tuuppimassa nokallaan Pakkasen Poikaa ja pysytteli koko ajan sen vierellä. Iltaan mennessä, perheen kesken P-P, ei ollut liikkunut mihinkään pesästä, nostin vesikupin sen viereen ja se kurottautui juomaan, hyvä! P-P ei jaksanut ruokkia lastaan, vaikka makasi sen vieressä, Otso tuntui ymmärtävän tilanteen, koska piti huolen lapsen ruokinnasta.

Aamulla P-P oli yllättävän virkeän oloinen, se ei lähtenyt pesästä, mutta nousi vaivalloisesti seisomaan, kun laitoin vesikupin sen eteen. Liikkuminen teki selvästi kipeää, juotuaan se lysähti takaisin makuulle. Onneksi oli vapaata töistä, sain seurata sen vointia ja juottaa parin tunnin välein. Iltapäivällä alkoi sataa, syksyinen sade oli rankkaa ja kylmää, sitä tuntui kestävän koko iltapäivän. Juoksin sateessa pihan yli lakkaan katsomaan miten P-P voi. Se ei ollutkaan pesässään, siellä kyyhötti pieni Lilliputti yksinään. P-P löytyi ulkohäkistä, se istui orrella siivet vähän auki ja antoi sateen valella haavaansa. Se toimi ihan kuin pieni Mini kun rotta oli sitä raadellut. Sade puhdisti haavaa ja varmasti lievitti kipua. Jäin sateeseen seuraamaan sen itsehoitotoimia. Se kallisteli orrella itseään ja aukaisi siipiään vähän lisää, se istui ulkona kauan ja näytti nauttivan. Kun se meni sisälle, se söi ensimmäistä kertaa onnettomuuden jälkeen omatoimisesti ja antoi ruokaa myös Lilliputti lapselleen. Sen jälkeen en hoitanut haavaa, huomasin että sen itsehoitokeinot olivat riittäviä ja toimivat hyvin.

P-P toipui niin hyvin, että vajaan kuukauden kuluttua, syyskuussa ne Otson kanssa saivat kaksi kaunista munaa. Kun P-P alkoi liikkua, huomasin että sen toinen jalka oli osittain halvaantunut. Selässä oli ruma arpi, ilmeisesti selän lihakset olivat niin syvältä vaurioituneet, että se vaikutti jalan liikkumiseen. Se eli kuitenkin normaalia elämää lakassa ja pystyi lentämään ulkohäkissä. Pelkäsin että toiset linnut alkavat vieroksua sitä mutta se sai olla ihan rauhassa.

Ulos en kuitenkaan uskaltanut sitä päästää, se tuntui niin puolustuskyvyttömältä.

P-P oli kiltti tyttö eikä tehnyt niin kuin pieni neiti Kuu teki. Siivosin lakkaa ja kuljin ovessa edestakaisin. Pikku neiti lähti ovesta ulos ilman lupaa, se ei ollut käynyt vielä ulkona ollenkaan. Oli kuitenkin hyvä, että isommat olivat jo lähteneet pihapiiristä lentolenkille, se ei onneksi ehtinyt mukaan eksymään. Se kuitenkin katosi nopeasti pihalta. Se olisi helppo saalis ja mukava pieni suupala kissalle, haukalle ja kaikille lintujen vihollisille. Odotin, että josko se on törmännyt vanhempiin kavereihinsa ja tulee niiden kanssa kotiin, mutta niin ei käynyt, surullista.

Oli kulunut kolme päivää Kuun katoamisesta. Iltapäivällä puuhastelin pihalla Lillin kanssa, kaikki linnut olivat jo kotona aamu lennoltaan. Kuulin lakan suunnalta outoa siipien räpsytystä ja menin lähemmäksi katsomaan. Ihana, pieni Kuu neiti istui lakan katolla ja yritti herättää huomioni. Se ei ollut saanut vielä sputnik koulutusta eikä osannut mennä siitä sisään, se yritti kiihkeästi päästä verkon läpi ulkohäkkiin. Oli pakko ottaa se haaviin, vaikka se ei ollut linnuille mukava juttu. Se onnistuikin helposti, koska se oli väsyneenä hidas liikkeissään. Kuu otettiin lakassa vastaan iloisesti, se sai juoda ja syödä rauhassa ja kiipesi sitten unipuulleen lepäämään. Missä se oli ollut kaksi yötä? Miten se onnistui välttämään viholliset? Selvisikö se ilman vettä, vai osasiko hakea juomapaikan. Olisin niin mielelläni istunut orrella ja kuunnellut kun se kertoi seikkailustaan perheelleen.

Ensimmäinen kesä uudessa kodissamme oli mielenkiintoinen tutkimusmatka puutarhaan. Kirsikoiden kukkimisen aikaan puutarha on valkoisen harson peittämä, ja vähän myöhemmin harso laskeutuu mattona vihreälle nurmelle. Se on kuin sadusta. Vietämme joka kesä hanami-juhlaa kirsikkapuiden alla, huovan päällä istuen. Suuri, villi ja monipuolinen puutarha on auttanut meitä sopeutumaan uuteen kotiimme. Samoin pihalta suoraan alkava metsä, josta peurat, ketut, mäyrät ja jänikset pääsevät pihaamme ihailtaviksi. Todella iso asia on myös se, että Lilli voi turvallisesti olla pihalla vapaana, niin kuin vanhassa kodissammekin.

Lilliputti, P-P:n ja Otson kuopus, oli kaunis lintu, se oli vaalea, punaisella koristeltu, vaaleassa päässä punainen raita. Yritin suojella sitä, että se ehtisi jatkaa kaunista väritystään lapsilleen. Lokakuun puolivälissä, kun P-P:n ja Otson poikaset olivat neljän päivän ikäisiä, Otso isä ei tullut aamulennoltaan kotiin. P-P yritti hoitaa poikasia yksinään. Ne olivat vielä niin pieniä, että minä en kyennyt auttamaan sitä. Parin päivän päästä löytyi toinen poikanen lakan lattialta, ilmeisesti P-P oli heittänyt kuolleen poikasen pois pesästä. Se hoivasi toista poikasta vielä iltaan saakka, mutta sekin kuoli. Nyt kun P-P:llä ei ollut mielekästä tekemistä, se päästi surun valloilleen. Se vaan istui orrella ja odotti Otsoa kotiin. Se oli aina yhtä liikuttavaa katsottavaa.

Kesän aikana syntyi paljon poikasia. Lakkaan oli tullut myös väriä. Lokakuun lopulla lakassa asuivat:

Mukelo, sininen, kirjava

Helmi, yksivärinen vaalea

Mainio, edellisen puoliso, punaruskea

Vappu, tumma, lähes yksivärinen

Muisto, punakirjava, edellisen puoliso

Pakkasen Poika, harmaa, mustat raidat

Kaisla, vaalea, hennon punaiset raidat

Pirpana, sininen, kirjava

Kustu, kokonaan vaalea

Menninkäinen, siniharmaa

Kuu, suklaanruskea

Lilliputti, vaalean punaruskea

Ensio, tummanharmaa, kirjava pää

Aamuaurinko, tummanharmaa

Iltatuuli, tummanharmaa

Mustikka, vaaleanharmaa

Ilmi, sininen kirjava

Sen Veli, hopeanharmaa, kaunis lintu.

Haukat tulivat aina vaan rohkeammiksi, kun saivat lähiruokaa. Vanhemmat linnut olivat lennolla, olimme mieheni kanssa molemmat lakan lähistöllä pihatöissä. Kaksi pientä ulkoilua aloittelevaa poikasta istuivat lakan katolla, minä seisoin lakan vieressä ja huutelin miehelleni, joka oli n 10 metrin päässä. Meistä välittämättä haukka hyökkäsi kyyhkyjen kimppuun, näin kun se lähti talon katolta syöksyyn kohti poikasia. Hätääntynyt huutoni sai poikaset nousemaan lentoon, Suvi kuitenkin putosi peloissaan lakan taakse heinikkoon. Lähdin juoksuun, mutta haukka oli nopeampi, se sai otteen Mustikasta ja vei sen mennessään ihan silmieni edestä. Pirpana säntäsi pakoon, olin varma, että se kauhuissaan lentää itsensä eksyksiin, se tuli kuitenkin kotiin vartin päästä.

Helmi, Ilmi ja Sen Veli

Seuraavana päivänä otin tuolin lakan viereen, kun päästin linnut ulos. Istuin ja katselin kun Kustu ja kaksi nuorempaa kaveria lenteli pihapiirissä. Huomasin äkkiä, että lintuja olikin neljä, neljäs oli haukka. Kyyhkyset yrittivät harhauttaa sitä, yksi irtaantui joukosta härnäämään haukkaa ja kaksi rohkeaa ajoi sitä takaa. Nuoret kyyhkyt olivat rohkeita ja taitavia, haukan oli pakko luovuttaa ja paeta metsään. Huokasin helpotuksesta, mutta liian aikaisin. Hetken kuluttua haukka kuitenkin palasi ajaen Kustua takaa. Ne lentelivät edestakaisin pihan yläpuolella, Kustu oli haukkaa taitavampi harhauttamaan, se teki äkkikäännöksiä ja muutti lentokorkeuttaan, millä yllätti haukan. Olin ylpeä Kustusta, vaikka se tuntuikin jännityselokuvalta. Äkkiä haukka huomasi talon katolla istuvan Pirpanan ja hyökkäsi sitä kohti, Pirpana oli kuitenkin nopeampi ja pääsi livahtamaan pakoon. Kustu ei kuitenkaan tullut enää kotiin, joko haukka sai sen myöhemmin kiinni tai se ei osannut tulla kotiin, lensi liian kauas.

Marraskuun alussa Helmin pitkäaikainen puoliso Mainio jäi tulematta lennolta kotiin. Suuri harmi lakassa sekä lakan ulkopuolella. Helmi jäi taas kerran leskeksi. Onneksi kuopukset Ilmi ja Veli olivat jo isoja poikia ja selvisivät omatoimisesti. Helmi oli tosi vaisu, ajattelin jo, että se on sairastunut. Koska poikaset olivat jo isoja, se varmaan tunsi itsensä tarpeettomaksi ja masentui.

Opetin lintuja suunnistamaan kotiin eri paikoista ja ilmansuunnista. Vein niitä töihin mennessäni pysäköintipaikalle ja päästin sieltä lennolle. Opin jo olemaan hätääntymättä, jos ne eivät tulleet heti kotiin, usein tulivat vasta seuraavana päivänä. Kyyhkyset eivät lennä sateella eikä pimeällä, vaan jäävät odottamaan aamua. Kun toiset olivat opetuslennolla, nuori Menninkäinen katosi pihapiiristä. Se palasi kuitenkin neljän päivän kuluttua. Miten ne selviävät hengissä useita päiviä? Mitä syövät ja juovat ja missä? Sitä en saanut koskaan tietää.

Oli syksyisen harmaa päivä, aamulla satoi rankasti. Kävelin puutarhan ohi, menin katsomaan mitä Mukelolle kuuluu. Omenapuut olivat lehdettömiä, mutta puissa roikkui vielä muutamia osin mustuneita omenia. Luonto odotti, että lumi tulee peittämään syksyn merkit. Lintujen ruokintapaikalla kävi jo kova tohina. Katselin kun nuori harakka taiteili pää alaspäin rasvapallon kimpussa.

Sen mustavalkoinen puku oli hohtavan puhdas ja kiiltävä. Siinä ei ollut vielä käytön jälkiä.

Näin kävellessäni lintujen ulkohäkkiin ja ihmettelin, kun se oli tyhjä, kaikki olivat sisällä lakassa. Aukaisin oven ja näin yhdellä silmäyksellä, että Mukelo ei ollut lakassa. Hätäännyin, olin pitänyt silmällä sitä, ja tiesin että se tuli lennolta kotiin. Kurkistin vielä ikkunasta lentohäkkiin, jospa en vain huomannut sitä. Siellä Mukelo makasi maassa kyljellään, toinen siipi sulat levällään, ihan kuin peitoksi aseteltuna. Juoksin ulkokautta häkkiin ja kyyristyin katsomaan Mukeloa. Se oli muuten täysin elottoman oloinen, mutta silmät olivat auki ja se katsoi minua, silmät liikkuivat. Nostin sen hellävaroen syliini, se sulki silmänsä, ymmärsin, että se kuoli rintaani vasten painettuna. Istuin surullisena lakan rappusilla Mukelo sylissäni. Se oli ollut yksinäinen ja onneton jo pidemmän aikaa. Sekin tuntui surulliselta, että sitä ei lakassa kukaan kaivannut. Sen poikaset oivat jo isoja ja puolisoa sillä ei ollut. Se oli menettänyt johtajuutensakin nuorille uroksille jo kauan sitten. Sen elämällä ei ollut enää tarkoitusta, nyt sen oli hyvä olla. Sitä oli vain todella vaikea hyväksyä. Ehkä oli hyvä, että en saanut koskaan tietää miten se kuoli. Minulle jäi hyvä mieli, että sain olla paikalla sen viimeisenä hetkenä.

Marraskuun puolivälissä vein taas Pirpanan ja Kaislan mukanani töihin ja päästin pysäköintipaikalta lentoon. Kun menin illalla kotiin, mies kertoi, että lakassa on vieras. Pirpana ja Kaisla olivat tuoneet mukanaan muukalaisen, se oli renkaaton, tumman sininen kaveri. Se oli niin arka, että se ei ilmeisesti ollut pitkään aikaan asunut lakassa. Jätin sen yöksi lakkaan, mutta aamulla vein sen ulos ja kehotin menemään kotiin. Se lähti iloisesti matkaan, mutta tuli iltapäivällä takaisin. Lakan vanhat asukkaat eivät hyväksyneet uutta tulokasta, ne ärhentelivät ja nokkivat sitä. Se oli kuitenkin päättänyt jäädä, eikä suostunut lähtemään lakasta. Lopulta se sai meiltä kodin ja nimen Sijaispoika. Kun päätös oli tehty, se alkoi pitää puoliaan ärhentelijöitä vastaan. Kai se ymmärsi, kun kerroin, että sinulla on nyt nimi, perhe ja koti, tervetuloa.

Marraskuun lopulla pienet Lilliputti, Enska ja Menninkäinen katosivat. Olin sisällä lakassa, kun kuulin että haukka nappasi Menninkäisen katolta. Mietin usein, miten pääsisin haukoista eroon, mutta eihän siihen mitään laillista keinoa ollut. Olisin lopulta ollut valmis laittomiinkin keinoihin, mutta onneksi minulla ei ollut niihin taitoja eikä välineitä. Mitä isompi kyyhkysparvi on, sitä vaikeampi haukan on niitä häiritä. Parvea on vaan vaikea kasvattaa, kun haukat verottavat lintuja.

Vuosi vaihtui, oli kireitä pakkasia ja puut lumisia, ulkona oli kaunista. Sen jälkeen, kun Menninkäinen katosi lakan katolta, linnut eivät olleet lähteneet ulos. Ilmeisesti ne pelästyivät sitä lakan katolta kuuluvaa haukan ja Menninkäisen taistelua. Siivosin lakkaa ja hätistelin niitä ulos. Pirpana rohkeana käväisi sputnikin luukulla ja tuli takaisin sisään, taas ulos ja äkkiä takaisin sisään. Muut seurasivat, mutta eivät lähteneet mukaan, onneksi. Ulkoa kuului rytinää, ryntäsin ulos, haukka oli lakan edessä hangella Pirpana kynsissään. Huusin ja loikkasin kohti haukkaa, lensin vatsalleni lumeen ja kosketin haukkaa, mutta en saanut siitä otetta. Se ehti nousta ilmaan ja vei Pirpanan mennessään. Yli puutarhan jäi hangelle verivana, kun se lensi metsään. Turhautuneena kävelin lähimetsässä, josko Pirpana olisi kuitenkin pudonnut haukan kynsistä, ei ollut. Sen jälkeen linnut pysyttelivät tiiviisti lakassa kevääseen saakka, en myöskään hätistellyt niitä ulos. Jälkeenpäin mietin, että mitä olisin tehnyt, jos olisin saanut kunnon otteen haukan jalasta, se oli kyllä todella lähellä.

Surin Pirpanan menetystä, koska se oli toinen työlintuni. Tein Pirpanan ja Kaislan kanssa muutaman "työkeikan". Kauniina kesäisenä laiantaina, morsiamen äidin toivomuksesta, menin kirkon eteiseen kyyhkysten kanssa odottamaan morsiusparia, kun he vihkimisen jälkeen poistuivat kirkosta. Annoin morsiamen käsiin vaalean Kaislan ja sulhanen käsiin kauniin sinisen Pirpanan. He tulivat kyyhkysten kanssa kirkon portaille häävieraiden eteen ja päästivät kyyhkyset käsistään lentoon. Se oli kaunis ja pysäyttävä hetki. Kaisla ja Pirpana tekivät muutaman kunniakierroksen häävieraiden yläpuolella ja lähtivät kotimatkalle. Sovitusti soitin bestmanille, kun linnut palasivat kotiin.

Saatoin Kaislan kanssa myös kaksi työystävääni eläkkeelle. He päästivät kyyhkysen lentoon työpaikkansa pihalta merkiksi eläkeläisen vapaalennolle lähdöstä.

Keväistä kosiskelua

Keväällä lintuja oli 19 se jäi ennätysmääräksi. Oli Vappu ja Muisto, molemmat Mukelon lapsia, sekä niiden lapset Sisko, Sen Veli, Tuisku, Aurinkoinen, Lumimarja ja Kuu, Helmi lastensa, Ilmin, Velin, Kaislan, Aamuauringon ja Iltatuulen kanssa, Ottopoika ja Pakkasen Poika sekä niiden lapset, Heinä, Halla ja Sade.

Aurinkoinen oli Muiston ja Vapun kuopus. Se syntyi ihan normaalisti huhtikuussa. Ainokaisena se sai hyvää hoitoa molemmilta vanhemmiltaan. Huomasin kuitenkin, että Aurinkoisella ei ollut kaikki kunnossa. Kun se vaati ruokaa vanhemmiltaan, se ei noussut jaloilleen, niin kuin normaalisti poikaset tekevät. Kokeilin viedä kättäni sitä kohti, se piti sitä tuttua naksuttavaa ääntä, niin kuin poikaset pitävät, mutta ei noussut seisomaan. Otin sen käteeni, se oli jäntevän tuntuinen ja virkeä, mutta sen jaloissa oli jotain hämminkiä. Ne sojottivat sivuille, eikä se saanut koottua niitä alleen. Tarkemmin tutkittuani oikeassa jalassa oli jäntevyyttä, mutta vasen jalka taittui polvesta huonoon asentoon. Eihän siinä auttanut muu kuin pyrkiä auttamaan pientä vammautunutta. Lastoitin vasemman jalan suoraksi, sopiva lasta oli tulitikku minkä sidoin ihoteipillä. Se auttoi heti sen verran että sen" istuma-asento" oli parempi, ja se yritti ottaa painoa jalalle, kun kurottautui syömään emonsa suusta. Muuten se tuntui voivan hyvin ja kasvoi kokoa ihan normaalisti. Kun sille alkoi kasvaa höyhenpeitettä, pyrstösulat olivat lyhyitä ja kasvoivat epäjärjestykseen, ihan kuin joku olisi ne sekoittanut.

Aurinkoinen oli kuukauden ikäinen, kun vanhemmat tekivät uudet munat ja Aurinkoinen häädettiin pesästä. Se ei osannut vielä itse juoda eikä syödä, sehän ei ollut käynyt vielä omatoimisesti pesän ulkopuolella niin kuin poikaset siinä iässä jo normaalisti kävivät. Vanhemmat olivat tähän saakka ruokkineet sitä pesään, ja minä pitelin sitä käsissäni niin usein kuin mahdollista. Se pieni istua nökötti pesän vieressä hämillään, viluissaan ja onnettomana. Tein sille lakan nurkkaan lattialle oman pesäkolon. Laitoin sille omat ruoka- ja juoma-astiat pesään. Nostin sille ruokailuseuraksi poikasen, joka oli jo oppinut syömään ja juomaan, uskoin sen opettavan Aurinkoista. Pari kertaa jouduin upottamaan Aurinkoisen nokan veteen, että se ymmärsi juoda, mutta syömään se oppi esimerkistä. Se söi ja joi kuitenkin lähes makuultaan.

Surin Mukeloa ja tuntui, että koko kyyhkyharrastuksestani katosi mielekkyys joksikin aikaa. Huomioni kuitenkin kiinnittyi pakostakin pieneen Aurinkoiseen, joka tarvitsi paljon apua selviytyäkseen. Kiintymystäni siihen lisäsi tieto siitä, että Aurinkoinen oli Mukelon lapsien, Vapun ja Muiston, lapsi, Mukelo oli Aurinkoisen kaksinkertainen isoisä.

Halusin auttaa Aurinkoista ja mietin, miten ihmistä kuntoutettaisiin vastaavassa tilanteessa. Liike on lääke, se toimii myös lintuihin. Suunnittelin Aurinkoiselle kokonaisvaltaisen kuntoutuksen. Aamuin illoin, kun puuhastelin lakassa, asettelin Aurinkoisen jalat oikeaan asentoon ja laitoin istumaan kahvikuppiin. Siinä jalat eivät päässeet leviämään holtittomaan asentoon, vaan pysyivät poikasen alla oikeassa asennossa. Lisäksi se yritti liikutella jalkojaan päästäkseen pois kupista. Eihän kuntoutus koskaan ole kovin miellyttävää. Se istua nökötti kupissa ja katseli puuhiani kallistellen kaunista päätään. Kuppihoitoa kesti noin puoli tuntia kerrallaan. Sitten nostin sen avoimelle lakan lattialle, missä toiset linnut puuhailivat. Se levitteli siipiään, ne näyttivät terveiltä, se näytti nauttivan upeista siivistään. Pyrstösulat roikkuivat maata kohden sekaisena nippuna. Ihme kyllä toiset linnut antoivat sen olla ihan rauhassa.

Kuntoutus ilmeisesti osui oikeaan aikaan oikeanlaisena, koska reilun viikon kuluttua Aurinkoinen oppi siirtymään paikasta toiseen siipiensä tuella. Se käytti siipiään ikään kuin keppeinä keventääkseen painoa jaloilta. Siivet tuntuivat toimivan hyvin, nostin sen usein noin metrin korkeuteen hyllylle ja sieltä se onnellisena lensi alas. Kuppihoitoa ja kävely- sekä lentoharjoituksia oli jatkunut kaksi viikkoa. Aurinkoinen oli kahden kuukauden ikäinen, kun se oppi kävelemään. Liikkuminen oli haparoivaa mutta parani päivä päivältä. Vein sen ulkohäkkiin päivittäin ja autoin kylpypaljuun, se oppi nopeasti muiden esimerkistä mitä paljussa tehdään. Uiminen oli myös hyvää kuntoutusta. Pyrstösulat olivat onnettoman lyhyet ja roikkuivat alaspäin. Linnut käyttävät pyrstösulkia lennon ohjaamiseen ja korkeuden säätelyyn, Aurinkoisen pyrstösulat eivät näihin taitoihin riittäneet. Päätin kokeilla sen lentotaitoa lakan ulkopuolella, tiesin että se lentää suoraan eteenpäin ja putoaa maahan, niin kuin käy lentohäkissäkin. Nostin sen sputnikin päälle ja katsoin vierestä mitä tapahtuu. Se pyöritteli päätään ja näytti pelästyneeltä, kun koko suuri maailma aukeni sen edessä. Se peruutti takaisin sputnikin sisään, mutta tuli hetken päästä takaisin katsomaan ulos. Se oli hellyttävä, se keräsi rohkeutta ja nousi siivilleen. Todellisuudessa se pudottautui lentoon, koska se ei kyennyt ottamaan korkeutta. Se liiteli n. 50 m suoraan eteenpäin koko ajan alempana ja alempana ja putosi läheiselle pellolle. Lilli seurasi sitä maasta käsin ja oli sen luona heti kun se putosi heinikkoon. Lilli selvästi vahti Aurinkoista niin kauan että ehdin paikalle. Se makasi heinikossa siivet levällään, nostin sen syliini ja kävelimme kotiin. Aurinkoisella oli nyt kokemus lentämisestä, toivottavasti se oli onnellinen, minulla ainakin oli hyvä mieli.

Kevät oli ollut kylmä ja tuulinen. Se ei innoittanut pariskuntia munien laittamiseen. Kaisla ja Kuu, molemmat ensikertalaisia olivat solmineet parisuhteen, mutta eivät oikein osanneet aloittaa pesimistä. Olin aina pitänyt Kaislaa tyttönä ja tuntui hassulta, että se alkoi rakentaa pesää Muiston esimerkistä. Kesäkuun alussa ilmat lämpenivät ja kesän tulo edistyi vauhdilla. Äkkiä meilläkin haudottiin neljässä pesässä. Kuu ja Kaisla, Vappu ja Muisto, Pakkasen Poika ja Sijaispoika sekä Helmi yksinään.

Helmin puolison Mainion katoamisesta oli kulunut puoli vuotta. Helmi oli yksinäinen ja onneton, se ei huolinut nuoria miehiä puolisokseen. Se piti pesäpaikkansa ja kohkasi siellä jotain yksinään. Kun taas kerran menin lakkaan, Helmi istui hiljaa pesässään, hautoiko se? Oliko minulta jäänyt jotain huomaamatta? Siirsin Helmiä sen verran että varmistin tilanteen, se todella hautoi. Nyt oli vanha rouva ollut hunningolla, rohkea tai huolimaton. Miten se aikoo yksin pärjätä hautomisesta ja poikasen ruokkimisesta, onneksi munia oli vain yksi. Eikö kyyhkyset olekaan pariuskollisia? Kuka mahtaa olla isä? Mielenkiinnolla odotin, ilmoittautuuko isä jossakin vaiheessa. Onneksi oli kesäaika, että Helmi voi jättää munan hetkeksi käydessään syömässä ja juomassa. Se selvisi hautomisesta tapansa mukaan meteliä pitämättä. Se toimi ihailtavan itsevarmasti, rauhallisesti ja tyylikkäästi loppuun saakka.

Kuoriutumispäivän iltapäivällä huomasin, että Helmi oli levoton ja kurkki munaa vatsansa alla. Minäkin kurkkasin, mikä on vinossa. Helmin munassa oli särö, jäin odottamaan. Neljän tunnin kuluttua tilanne oli aivan sama. Kahden tunnin kuluttua siitä, reiästä näkyy liikkuva nokka, hyvä. Tunnin kuluttua nokka ei enää liikkunut, Helmi oli huolestunut, päätin auttaa sitä. Isonsin reikää, reiästä tuli verta, isonsin lisää ja huomasin että kalvo oli tosi tiukka ja kova. Kuorin nopeasti poikasen verisestä kalvosta, se oli pieni ja veltto kämmenelläni, mutta kuitenkin elossa. Laitoin poikasen pesään, Helmi otti sen vastaan siirtämällä nokallaan sen allensa lämpimään ja turvaan. Tiesin, että poikanen on nyt parhaassa mahdollisessa hoidossa, voin vain toivoa, että se selviää. Aamulla oli ensimmäinen ajatus poikasen vointi. Lähdin yöpaitasillani kurkistamaan lakkaan. Helmi istui ylpeänä pesässä ja nokki kädenselkääni, kun yritin kurkistaa sen mahan alle. Kun Helmi liikahti, näin, että poikanen oli elossa ja hyvissä voimissa. Se alkoi kurkotelle kohti äitinsä nokkaa ruokaa saadakseen. Mikä helpotus, se oli virkku, sitkeä ja kaunis lapsonen, se sai nimekseen Helmiina.

P-P:llä ja Ottopojalla oli kolmen päivän ikäiset poikaset, Vappu ja Muisto sekä Kaisla ja Kuu hautoivat vielä omia muniaan. Helmiina oli viikon ikäinen, Helmi oli hoitanut sitä tunnollisesti yksinhuoltajaäitinä. Tulin töistä ja lähdin heti päästämään lintuja lennolle. Ne olivat tottuneet pääsemään ulos jo aamupäivällä, ne odottivat tuloani ulkohäkissä. Kun lähestyin lakkaa, ne tungeksivat sputnikin luukulla valmiina pyrähtämään lentoon. Vappu oli haudontavapaalla ja Helmi tuore äiti, silti ne olivat ensimmäisinä lähdössä ulos. Katselin kun ne lähtivät eri suuntiin, Helmi lähti niin määrätietoisesti yli pellon, että aavistelin ongelmia. Vappu tuli tunnin kuluttua kotiin, yksin. Helmi ei palannut koskaan. Voi Helmi, mahtoiko se salaa toivoa, että isä ilmoittautuu, kun lapsi on syntynyt? Väsyikö se yksinhuoltajaäitiyteen ja yksinäisyyteen ja päätti jättää kaiken taakseen?

Taas kerran keitin kauravelliä ja ruokin automaatillani Helmiinaa. Pahinta sille oli yksin pesässä oleminen, se tarvitsi vielä lämmittäjää. Nostin Aurinkoisen yöksi sen viereen, ne näyttivät nauttivan toistensa läheisyydestä. Kun seuraavana aamuna menin lakkaan, Aurinkoinen oli edelleen pienen Helmiinan vieressä, se oli ottanut sijaisäidin tehtävän tosissaan. Syötin poikasen ja nostin Aurinkoisen omalle ruokintapaikalleen. Peittelin poikasen, ennen kun lähdin lakasta. Sen päivän aikana syötin poikasta niin usein kun ehdin, se oli onneksi kovaääninen ja hyvin voiva ja jaksoi pyytää ruokaa. Nostin yöksi taas aurinkoisen lämmittämään sitä. Sen päivän aikana myös Vapun ja Muiston poikaset, Sisko ja Sen Veli, kuoriutuivat yläpuolella olevassa pesäloosissa.

Vappu on tullut hoitamaan peiteltyä Helmiinaa

Seuraavana aamuna lakkaan mennessäni sain taas uutta ihmeteltävää. Aurinkoinen ei ollut enää Helmiinan vieressä vaan nukkui omassa pesässään lattialla. Vappu oli syöttämässä pientä Helmiinaa. Se puolusti vihaisesti pientä orpoa ja piti sitä allaan piilossa. Muisto hoiteli yläpuolella olevassa pesässä Vapun ja Muiston omia vastasyntyneitä lapsia. Se oli hellyttävää katseltavaa. Sen jälkeen minua ei tarvittu, pariskunta piti huolta Helmiinasta ja omista lapsistaan täysin tasavertaisesti.

Yöksi nostin aina Aurinkoisen Helmiinan viereen, uskoin että siitä oli apua ja iloa molemmille.

Vappu ja Helmi lähtivät yhdessä Helmin viimeiselle matkalle. Olikohan Helmi antanut Vapulle tehtäväksi huolehtia lapsestaan? Vai oliko Muisto Helmiinan isä, Vappu tiesi sen ja vastuuntuntoisena äitinä piti huolta myös miehensä syrjähypyn seurauksesta? Tai Vappu tuoreena äitinä ei vaan voinut kuunnella pienen Helmiinan hätää auttamatta sitä. Vappu oli myös luonteeltaan lempeä ja hyvä sydäminen, olihan se rakkaan Mukeloni lapsi. Joka tapauksessa olin Vapulle todella kiitollinen ja kerroin sen sille monisanaisesti joka päivä.

Helmiinasta kasvoi sijaisvanhempiensa, Vapun ja Muiston huomassa kaunis, vaalea, äitinsä näköinen kyyhkynen. Aurinkoinen, lempinimeltään Räpsä, osasi jo pitää huolen itsestään. Se asusteli lattiapesässään tyytyväisenä. Päästin silloin tällöin

Räpsän lentoon sputnikin tasanteelta niin kuin muutkin. Se lensi suoraan eteenpäin ja putosi peltoon. Se ei osannut ottaa korkeutta eikä ohjata. Uskon, että se oli kuitenkin onnellinen, kun sai lentää. Pienet poikaset mitkä häädetään pesästä uusien poikasten tieltä, menivät usein yöksi Aurinkoisen pesään. Se oli mukava ratkaisu molemmille. Kävi myös niin että Tuisku ja Lumimarja, sisarukset, tekivät munansa Aurinkoisen pesään. Ensimmäinen kerta kun huomasin sisarusten pesivän yhdessä. En ollut huomannut niiden pariutumista. Aurinkoinen asui koko ajan kotonaan ja antoi tilaa vuokralaisille. Kun poikaset syntyivät, sitä taidettiin käyttää hyväksikin, se toimi kotiapulaisena omassa kodissaan.

Se osallistui poikasten lämmittämiseen ja ohjaamiseen. Luulen, että myös nuoret vanhemmat tarvitsivat ohjausta.

Kesän aikana linnut pesivät ahkerasti. Olin ihmeissäni, kun kuusi pientä poikasta kuoli emon alle ennen rengastusta. Soitto kyyhkyoppaalleni selvitti tilannetta. Lakassani oli "nuhavirus". Pienten poikasten hengitystiet menivät tukkoon ja ne kuolivat. Desinfioin lakan ohjeiden mukaan ja seuraavat vastasyntyneet voivat hyvin ja kasvoivat normaalisti.

Elokuun alussa haukoista oli taas suuri huoli. Aamulennolta jäi kotiin tulematta Kuu ja Pakkasen Poika. Pakkasen Poika oli todella arka ja varovainen, eikä juurikaan uskaltautunut ulos, harmillista. Kuulta jäi Kaislan kanssa kaksiviikkoiset poikaset. Pakkasen Pojalta jäi Sijaispojan kanssa vielä rengastamaton poikanen. Sijaispoika oli huikentelevainen ja varmasti surullinen, sillä ei tuntunut riittävän voimavaroja hoitaa lastaan. Se teki pitkiä lenkkejä ulkona, vaikka poikanen olisi tarvinnut lämmittäjää. Aamuauringolla ja Iltatuulella oli yksi saman ikäinen poikanen pesässään. Laitoin Sijaispojan poikasen jalkaan punaisen villalangan tunnistamisen avuksi ja nostin sen Aamuauringon ja Iltatähden pesään. Sijaispoika ei tuntunut huomaavan ollenkaan, vaikka sen lapsi oli kadonnut pesästä. Pienokainen sai hellää hoivaa sijaisvanhemmiltaan, ne ottivat sen vastaan ihmettelemättä. Koskaan ei voi etukäteen tietää, milloin lapsen sijoitus onnistuu ongelmitta.

Kaisla ruokki tunnollisesti poikasiaan. Seurasin tilannetta, mutta minun ei tarvinnut puuttua hoitoon. Kahden päivän kuluttua, kun linnut palasivat lennolta, Kuu oli niiden mukana. Jälleennäkeminen oli riemukas, poikaset tervehtivät sitä äänekkäästi ruokaa kerjäämällä. Seuraavana päivänä kun linnut palasivat lennolta, Pakkasen Poika oli niiden mukana. Missähän Kuu ja P-P olivat, mistä toiset hakivat ne kotiin? Tunnistin P-P:n heti kun parvi ilmaantui pihapiiriin. Juoksin lakkaan, otin villalangan P-P:n poikasen jalasta pois ja palautin kotiin. P-P tuli sputnikista sisään ja meni ruokkimaan lastaan niin kuin mitään ei olisi tapahtunut. Olikohan se taas sellainen puolisoiden kesken sovittu irtiotto arjesta, josta ei tarvinnut suurempaa meteliä pitää. Taisivat Kuu ja P-P olla samassa, sovitussa paikassa lomailemassa. Joka tapauksessa onnellinen loppu silläkin tarinalla.

Syksyn ensimmäisten pakkasten aikaan Pakkasen Poika katosi lennolla. Surullista, että sille jäi taas viiden päivän ikäinen Halla poikanen. Olin sairaana ja oli pakko luottaa, että Sijaispoika jo kokeneena isänä selviää lapsensa kanssa. Se ei ollut tarpeeksi kokenut, Halla löytyi seuraavana aamuna kuolleena pesästä. Poikasia syntyi ja katosi, siihen oli vaan pakko tottua. Lakassa ei Mukelon jälkeen ollut selkeää johtajaa, ainakaan niin, että olisin sen huomannut. Linnut olivat ilmeisesti ryhmäytyneet niin hyvin, että johtajaa ei tarvittu.

Tein lakassa suursiivouksen noin kolmen viikon välein, riippuen siitä kuinka paljon lakassa oli lintuja. Pesin pesimäkupit ja pesimälooseina toimineet muovilaatikot, rapsuttelin ulosteet pinnoilta ja lakaisin pinnat sekä lattian. Kolmen tunnin kuluttua siivouksesta minulle nousi äkillisesti korkea kuume, sitä kesti kuusi tuntia ja se katosi yhtä äkillisesti kuin oli alkanutkin. Kun tämä toistui kolme kertaa, aloin ymmärtää, että kuume liittyi lakan siivoukseen. Monen ihmettelyn jälkeen sain lähetteen keuhkopoliklinikalle. Siellä todettiin, että lintujen kuivista ulosteista muodostunut pöly on aiheuttanut keuhkorakkuloihin ärsytystä, mikä näkyi kuumeiluna. Sain mukaani ohjeet, millä estää sairauden kroonistuminen. Lakassa olemista tuli välttää, siellä käydessäni piti suojautua hengityssuojaimella. Suursiivousta ei saanut tehdä ollenkaan.

Oli itsestään selvää, että jouduin luopumaan linnuista. Linnut olivat lemmikkejäni ja lakassa istuminen ja niiden elämän seuraaminen oli harrastuksen luonne. Linnuista luopumista helpotti suuresti tieto siitä, että Mukelon ei tarvinnut muuttaa. En myöskään olisi millään voinut antaa sitä kenellekään vieraalle ihmiselle. Mukelo oli lakan sielu ja sydän, eikä lakka ollut entisensä Mukelon kuoleman jälkeen. Jatkossa mieheni piti huolta lintujen ruokkimisesta sekä lakan siivouksesta. Minä olin vain sijaishoitaja, kun mieheni oli estynyt. Vieraannuin todella nopeasti lakan tapahtumista enkä oppinut tuntemaan ulkonäöstä lakan uusia asukkaita. Mietin kuumeisesti, miten linnuista luopuminen käytännössä tapahtuu. Apu tilanteeseen tuli kuitenkin nopeasti. Samalla paikkakunnalla asuva lintuharrastaja oli kiinnostunut kyyhkysistä ja lupasi ottaa ne omakseen. Lakassa oli silloin 14 lintua.

Surin Aurinkoisen kohtaloa, miten sen käy vieraissa olosuhteissa ja voinko ollenkaan antaa sitä pois. Oli vaikea ajatella siitä luopumista, koska se tarvitsi erityishuolenpitoa ja ymmärrystä alkuelämänsä ongelmien vuoksi. Päätimme, että se saa tulla asumaan kanssamme, niin kuin Akuliinakin asui. En vielä siinä vaiheessa miettinyt tarkemmin, miten sen toteutan tai onko se ollenkaan järkevää sairauteni takia. Ajatuksena se tuntui oikealta, Akuliina ja Aurinkoinen, kyyhkyharrastukseni alku ja loppu.

Se ei kuitenkaan mennyt ihan niin. Mieheni kävi vain ruokkimassa linnut, ne olivat pitkiä aikoja keskenään lakassa. Lakassa käydessäni huomasin, että sieltä puuttui kolme lintua, ajattelimme että ne ovat jääneet haukan kynsiin. Seuraavana päivänä lakan lattialta löytyi kaksi kuollutta lintua ja yksi poikanen oli kadonnut. Nyt varmistui, että lakassa käy jokin ulkopuolinen peto. En osannut epäillä kissaa, koska oma kissamme ei koskaan mennyt lakkaan sisälle. Seuraavana päivänä kun ajoimme autolla pihaan, lintujen ulkohäkissä oli vieras kissa. Se ei kiihdyksissään osannut tulla ulos sputnikin luukusta, mistä se sinne varmasti oli mennyt, vaan ryntäsi läpi verkkoaidan. Juoksin lakkaan, Aurinkoinen makasi kuolleena lattiapesänsä vieressä, voi pientä. Aurinkoisen vieressä ollut poikanen oli myös kuollut. Surullinen loppu kultaiselle Aurinkoiselle, mutta siinä tilanteessa se oli varmasti meidän molempien, Aurinkoisen sekä minun parhaaksi.

Loput linnut siirrettiin uuteen kotiin. Kaisla oli ainoa vanha ystäväni, joka joutui muuttamaan. Seuraavana päivänä löysin sen istumasta tyhjän lakan ikkunalaudalla. Katselimme toisiamme, sen koko pieni olemus kertoi ihmetyksestä ja surusta. Se oli riipaisevan haikea, mutta myös parantava hetki. Se nousi siivilleen, saatoin katseellani sen takaisin siniselle taivaalle.

Sen syksyn aikana näimme usein viestikyyhkysparven liitelevän taivaalla, ne tulivat kertomaan, että kaikki on jälleen hyvin.

JÄLKIKIRJOITUS

Kirja on kirjoitettu seitsemän vuoden aikana tehtyjen muistiinpanojen pohjalta. Kirjan suunnitteluvaiheen aikana isän elämä päättyi. Saimme olla paljon sairaalassa isän luona. Lilli nukkui isän vuoteen jalkopäässä, kun luimme muistiinpanojani ja muistelimme eläin- ja luontokokemuksiamme, isä kannusti kirjoittamaan niistä laajemmin. Kirjoitusvaiheessa eläin vanhuksemme olivat tiiviisti mukana. Lilli nukkui kassissaan työpöydälläni ja Lilja viereisessä nojatuolissa. Lilja nukutettiin vuosi sitten 18-vuotiaana ja Lilli puoli vuotta sitten 15-vuotiaana. Lilli säilyi loppuun saakka liito-orava koirana. Kun kirjoittaessani mainitsin liito-oravan, Lilli nosti päätään ja höristi korviaan, meillä oli yhteisiä muistoja.

www.ingramcontent.com/pod-product-compliance
Lightning Source LLC
Chambersburg PA
CBHW031614210526
45464CB00004B/1577